电梯工程技术专业
国家技能人才培养
工学一体化课程标准

人力资源社会保障部

中国劳动社会保障出版社

图书在版编目（CIP）数据

电梯工程技术专业国家技能人才培养工学一体化课程标准 / 人力资源社会保障部编. -- 北京：中国劳动社会保障出版社，2023

ISBN 978-7-5167-6206-6

Ⅰ.①电… Ⅱ.①人… Ⅲ.①电梯–人才培养–课程标准–技工学校–教学参考资料 Ⅳ.①TU857

中国国家版本馆 CIP 数据核字（2023）第 230997 号

中国劳动社会保障出版社出版发行

（北京市惠新东街 1 号　邮政编码：100029）

*

北京市艺辉印刷有限公司印刷装订　　新华书店经销

787 毫米 × 1092 毫米　16 开本　6.5 印张　142 千字

2023 年 12 月第 1 版　　2023 年 12 月第 1 次印刷

定价：20.00 元

营销中心电话：400-606-6496

出版社网址：http://www.class.com.cn

http://jg.class.com.cn

人力资源社会保障部办公厅关于印发
31 个专业国家技能人才培养工学一体化
课程标准和课程设置方案的通知

人社厅函〔2023〕152 号

各省、自治区、直辖市及新疆生产建设兵团人力资源社会保障厅（局）：

为贯彻落实《技工教育"十四五"规划》（人社部发〔2021〕86 号）和《推进技工院校工学一体化技能人才培养模式实施方案》（人社部函〔2022〕20 号），我部组织制定了 31 个专业国家技能人才培养工学一体化课程标准和课程设置方案（31 个专业目录见附件），现予以印发。请根据国家技能人才培养工学一体化课程标准和课程设置方案，指导技工院校规范设置课程并组织实施教学，推动人才培养模式变革，进一步提升技能人才培养质量。

附件：31 个专业目录

人力资源社会保障部办公厅
2023 年 11 月 13 日

31 个专业目录

（按专业代码排序）

1. 机床切削加工（车工）专业
2. 数控加工（数控车工）专业
3. 数控机床装配与维修专业
4. 机械设备装配与自动控制专业
5. 模具制造专业
6. 焊接加工专业
7. 机电设备安装与维修专业
8. 机电一体化技术专业
9. 电气自动化设备安装与维修专业
10. 楼宇自动控制设备安装与维护专业
11. 工业机器人应用与维护专业
12. 电子技术应用专业
13. 电梯工程技术专业
14. 计算机网络应用专业
15. 计算机应用与维修专业
16. 汽车维修专业
17. 汽车钣金与涂装专业
18. 工程机械运用与维修专业
19. 现代物流专业
20. 城市轨道交通运输与管理专业
21. 新能源汽车检测与维修专业
22. 无人机应用技术专业
23. 烹饪（中式烹调）专业
24. 电子商务专业
25. 化工工艺专业
26. 建筑施工专业
27. 服装设计与制作专业
28. 食品加工与检验专业
29. 工业设计专业
30. 平面设计专业
31. 环境保护与检测专业

说　明

　　为贯彻落实《推进技工院校工学一体化技能人才培养模式实施方案》，促进技工院校教学质量提升，推动技工院校特色发展，依据《〈国家技能人才培养工学一体化课程标准〉开发技术规程》，人力资源社会保障部组织有关专家制定了《电梯工程技术专业国家技能人才培养工学一体化课程标准》。

　　本课程标准的开发工作由人力资源社会保障部技工教育和职业培训教材工作委员会办公室、数字与信息技术类技工教育和职业培训教学指导委员会共同组织实施。具体开发单位有：组长单位深圳技师学院，参与单位（按照笔画排序）广西工业技师学院、广西机电技师学院、广州市机电技师学院、开封技师学院、天津市劳动保障技师学院、云南省电子信息高级技工学校、西安技师学院、江苏省盐城技师学院、浙江建设技师学院。主要开发人员（排名不分先后）有：陈恒亮、王菲、韦文杰、田建辉、闫莉丽、孙智超、吴利华、余晖、陈聪君、罗飞、罗超、季海峰、孟刚、袁成群、顾祥、徐洪亮、黄彩妮、梁建华、甄志鹏、樊伟、潘协龙，其中陈恒亮为主要执笔人。此外，奥的斯电梯（中国）有限公司张硕琳，深圳市质量安全检验检测研究院梁治强，深圳大学梁雄共同完成了本专业培养目标的确定、典型工作任务的提炼和描述等工作。

　　本课程标准的评审专家有：福建省技工教育中心马光凯、江西省电子信息技师学院万军、中国工业互联网研究院王宝友、南京技师学院朱胜强、北京市工贸技师学院闫毅平、深圳鹏城技师学院周烨、深圳市质量安全检验检测研究院刘东洋。

　　在本课程标准的开发过程中，深圳市龙岗职业技术学校曾齐高作为技术指导专家提供了全程技术指导，中国人力资源和社会保障出版集团提供了技术支持并承担了编辑出版工作。此外，在本课程标准的试用过程中，技工院校一线教师、相关领域专家等提出了很好的意见建议，在此一并表示诚挚的谢意。

　　本课程标准业经人力资源社会保障部批准，自公布之日起执行。

目　录

一、专业信息

（一）专业名称

电梯工程技术

（二）专业编码

电梯工程技术专业中级：0216-4

电梯工程技术专业高级：0216-3

电梯工程技术专业预备技师（技师）：0216-2

（三）学习年限

电梯工程技术专业中级：初中起点三年

电梯工程技术专业高级：高中起点三年、初中起点五年

电梯工程技术专业预备技师（技师）：高中起点四年、初中起点六年

（四）就业方向

中级技能层级：面向电梯安装、维修企业就业，适应电梯安装、修理、维护与保养等工作岗位要求，胜任电梯安装、保养、修理等工作任务。

高级技能层级：面向电梯安装、维修企业就业，适应电梯安装与调试、修理、维护与保养、检验、现场管理等工作岗位要求，胜任电梯安装与调试、保养、修理、检验、大修等工作任务。

预备技师（技师）层级：面向电梯安装、维修企业就业，适应电梯安装与调试、修理、改造与更新、项目管理与培训等工作岗位要求，胜任电梯安装与调试、修理、改造、项目管理、培训等工作任务。

（五）职业资格／职业技能等级

电梯工程技术专业中级：电梯安装维修工四级／中级工

电梯工程技术专业高级：电梯安装维修工三级／高级工

电梯工程技术专业预备技师（技师）：电梯安装维修工二级／技师

二、培养目标和要求

（一）培养目标

1. 总体目标

培养面向电梯安装、维修企业就业，适应电梯安装与调试、维护与保养、修理、改造与更新、培训与项目管理等工作岗位要求，胜任电梯照明线路安装、电梯例行保养、电梯部件安装、电梯一般故障检修、自动扶梯一般故障检修、电梯专项保养、电梯整机安装与调试、电梯设备大修、电梯检验、电梯改造与装调、电梯项目与安全管理、电梯工程技术人员工作指导与技术培训等工作任务，具备自主学习、自我管理、信息检索、理解与表达、交往与合作、创新思维、解决问题等通用能力，安全意识、质量意识、规范意识、效率意识、成本意识等职业素养，以及劳模精神、劳动精神、工匠精神等思政素养的技能人才。

2. 中级技能层级

培养面向电梯安装、维修企业就业，适应电梯安装、修理、维护与保养等工作岗位要求（如电梯保养技术员、电梯一般修理技术员等），胜任电梯安装、保养、修理等工作任务，具备自主学习、自我管理、信息检索、理解与表达、交往与合作、创新思维、解决问题等通用能力，安全意识、质量意识、规范意识、效率意识、成本意识等职业素养，以及劳模精神、劳动精神、工匠精神等思政素养的技能人才。

3. 高级技能层级

培养面向电梯安装、维修企业就业，适应电梯安装与调试、修理、维护与保养、检验、现场管理等工作岗位要求（如电梯调试技术员、电梯重大修理技术员、电梯修理支持技术员、班组长等），胜任电梯安装与调试、保养、修理、检验、大修等工作任务，具备自主学习、自我管理、信息检索、理解与表达、交往与合作、解决问题等通用能力，安全意识、质量意识、规范意识、效率意识、成本意识等职业素养，以及劳模精神、劳动精神、工匠精神等思政素养的技能人才。

4. 预备技师（技师）层级

培养面向电梯安装、维修企业就业，适应电梯安装与调试、修理、改造与更新、项目管理与培训等工作岗位要求（如电梯技术主管、电梯项目主管、电梯服务主管等），胜任电梯安装与调试、修理、改造、项目管理、培训等工作任务，具备自主学习、自我管理、信息检索、理解与表达、交往与合作、创新思维、解决问题等通用能力，安全意识、质量意识、规范意识、效率意识、成本意识等职业素养，以及劳模精神、劳动精神、工匠精神等思政素养的技能人才。

（二）培养要求

电梯工程技术专业技能人才培养要求见下表。

电梯工程技术专业技能人才培养要求表

培养层级	典型工作任务	职业能力要求
中级技能	电梯照明线路安装	1. 能通过识读电梯照明及插座安装任务单，明确工作任务。 2. 能正确识读电梯照明安装平面图。 3. 能根据任务要求和施工图纸，勘查施工现场，设置施工通告牌及进行技术交底等开工前的必要准备工作，明确电梯照明线路及插座的安装流程。 4. 能与项目组长进行专业沟通，根据电梯照明线路及插座安装任务单的要求和实际情况，在项目组长的指导下制订工作计划。 5. 能正确使用电梯照明线路安装常用工具与专用工具，穿戴安全帽、安全带、工作服等安全防护用品，掌握触电与急救相关知识及操作方法。 6. 能按图纸、工艺、安全规程要求，完成电梯照明电路及插座的安装。 7. 能正确进行安装质量自检，填写自检表，并交付验收。 8. 能拓展学习电梯照明线路常见故障现象与处理方法，具备电梯照明线路维修技能。 9. 能对电梯照明线路及插座安装过程进行总结与评价。 10. 能依据"6S"管理规定、电梯维修作业人员安全操作规定和电梯维修及安装手册，个人或小组完成工作现场的整理、设备和工具的维护与保养、工作日志的填写等工作，具备总结反思、持续改进、团结协作等能力。
	电梯例行保养	1. 能阅读电梯安排表和电梯维保记录（电梯保养单），查询被保养电梯状况并记录相关信息，明确保养作业的任务内容。 2. 能查询电梯例行保养相关资料，包括电梯安全技术理论，电梯安装、使用及维护说明书，保养合同，企业标准，国家标准和法规。 3. 能与班组长（电梯管理者）、电梯使用单位人员、特检院（所）年检人员等相关人员进行专业沟通，根据电梯保养合同要求和电梯实际状况，按照电梯安排表和电梯保养单要求，制订工作计划。 4. 能进行作业前的准备工作，包括工具、材料、设备的准备。 5. 能在规定时间内规范完成机房、井道、轿厢与层站的检查、清洁、润滑等，并填写电梯维保记录。 6. 能正确使用工具，符合安全规范要求。 7. 能实施维护过程自检、竣工后电梯试运行复位，完成工具、材料、设备的整理、复位和维护与保养，规范填写电梯维保记录并签字确认，交付电梯使用单位人员和管理者确认签名。 8. 能归纳和展示电梯例行保养的操作流程、技术要点、安全注意事项，总

培养层级	典型工作任务	职业能力要求
	电梯例行保养	结工作经验,分析不足,必要时提出合理化建议。 9. 能依据国家相关法律法规、行业规范、企业操作规程、环保管理制度和"6S"管理规定、电梯维保作业人员安全操作规定、电梯安装使用及维护说明书等文件,进行验收。 10. 能与班组长、电梯使用单位相关人员进行有效的沟通,在作业过程中进行总结并提出合理的建议。 11. 能在工作中独立分析与解决一般性问题,具备总结反思、持续改进、团结协作等能力。
中级技能	电梯部件安装	1. 能依据电梯图纸,确认电梯电气布局图、机房布置图、电气布线方法等相关内容,阅读电梯电气安装清单,明确电气安装任务的项目内容和工期要求。 2. 能依据电梯安装手册,明确控制柜安装的操作流程,与电梯安装班组长、管理人员进行沟通,完成现场勘查,绘制控制柜安装布置图、接线图。 3. 能依据控制柜安装布置图、接线图、操作流程及安全质量规范,阅读电气原理图和接线图,使用安装工具,按照电气工具使用规范,在规定时间内完成电梯控制柜元器件安装、电梯拖动线路安装、电梯信号控制线路安装等工作任务,并记录电梯电气安装过程中的工艺步骤。 4. 能依据电梯部件安装的工作要求,按照电梯行业的国家电气标准,使用测量工具对电梯部件安装工作任务进行质量检查,填写检查报告,签字确认后交付班组长或管理人员检验。 5. 能依据计算机文档的制作要求及工作报告的书写要求,准备多媒体设备,撰写工作报告,进行工作汇报。 6. 能依据"6S"管理规定、电梯维修作业人员安全操作规定和电梯维修及安装手册,个人或小组完成工作现场的整理、设备和工具的维护与保养、工作日志的填写等工作,具备总结反思、持续改进、团结协作等能力。
	电梯一般故障检修	1. 能依据电梯检修任务单,与电梯使用单位相关人员进行专业沟通,确定工作任务。 2. 能依据班组长和电梯使用单位相关人员的描述,进行现场勘查,明确电梯的故障现象。 3. 能查阅电梯图纸,准备诊断工具,完成电梯故障原因的分析,制订电梯检修计划。 4. 能依据电梯检修计划的要求,完成工具、材料、设备、资料的准备,按照安全操作规程和检修规范,正确使用工具、材料、设备。 5. 能依据电梯检修计划安排,按照作业流程及规范,在工作现场采用电阻

培养层级	典型工作任务	职业能力要求
	电梯一般故障检修	法、电压法、短接法等排除故障，使电梯恢复正常运行。 6. 能依据国家标准、企业标准和电梯运行性能的要求，对检修后的电梯进行自检，确保电梯运行正常。 7. 能填写电梯维保记录，交付电梯使用单位电梯安全管理员签字确认后存档。 8. 能对电梯检修方案、作业流程及规范、一般故障检修的技术要点进行总结与展示。 9. 能在作业过程中严格执行国家和企业标准、企业安全生产制度、环保管理制度以及"6S"管理规定。 10. 能与班组长、电梯使用单位相关人员等进行有效的沟通，在作业过程中提出合理的建议，具备总结反思、持续改进、团结协作等能力。
中级技能	自动扶梯一般故障检修	1. 能依据电梯检修任务单，与电梯使用单位相关人员进行专业沟通，确定工作任务。 2. 能依据班组长和电梯使用单位相关人员的描述，进行现场勘查，明确电梯的故障现象。 3. 能查阅电梯图纸，准备诊断工具，完成电梯故障原因的分析，制订检修计划。 4. 能依据检修计划，完成工具、材料、设备、资料的准备。 5. 能依据检修计划，按照作业流程及规范，在工作现场对扶手带、安全回路、控制回路、梯级装置等进行检查、清洁、复位、拆卸、更换和调整，将故障排除，使电梯恢复正常运行。 6. 能依据国家标准、企业标准和电梯运行性能的要求，对维修作业后的自动扶梯进行自检，确保自动扶梯运行正常。 7. 能在维修任务单上填写自检结果，交付电梯使用单位相关人员确认，班组长审核后存档。 8. 能根据检修计划、作业流程及规范，展示自动扶梯一般故障检修的技术要点，进行工作总结。 9. 能在作业过程中严格执行国家和企业标准、企业安全生产制度、环保管理制度以及"6S"管理规定。 10. 能与班组长、电梯使用单位相关人员等进行有效的沟通，在作业过程中提出合理的建议，具备总结反思、持续改进、团结协作等能力。
	电梯专项保养	1. 能依据电梯维护与保养工作单，查阅近期电梯维保记录并记录相关信息，明确维保作业的工作任务和工作要求。 2. 能依据电梯维保合同、电梯维保工艺手册、电梯维保安全操作规程和相

培养层级	典型工作任务	职业能力要求
中级技能	电梯专项保养	关标准及规范，明确电梯部件保养方法、要求和安全操作规定。 3. 能与班组长、电梯使用单位相关人员等进行专业沟通，根据工期要求、安全措施要求、电梯标准及规范、维保作业流程、人员选配要求，制订电梯专项保养计划。 4. 能依据电梯专项保养计划，进行作业前的准备工作，包括工具、材料、设备的准备。 5. 能依据电梯专项保养项目的工作计划及工作规范，正确使用工具，在规定时间内完成限速器－安全钳的检查与调整、制动装置的检查与调整、缓冲器的检查与调整、导靴的检查与调整、门系统的检查与调整、钢丝绳绳头的制作等任务，并填写维保记录。 6. 能依据电梯运行性能和安全功能要求，按照电梯维保工艺和相关国家标准对保养质量进行自检，保养后清洁、整理工具和材料，并将电梯试运行复位，填写电梯维护与保养工作单并交电梯使用单位相关人员确认，确认后存档。 7. 能依据电梯专项保养作业的工作过程，进行工作总结。 8. 能在作业过程中严格执行国家标准、企业标准、企业安全生产制度、环保管理制度以及"6S"管理规定。 9. 能与班组长、电梯使用单位相关人员等进行有效的沟通，在作业过程中提出合理的建议。 10. 能在工作中独立分析与解决一般性问题，具备总结反思、持续改进、团结协作等能力。
高级技能	电梯整机安装与调试	1. 能阅读安装作业任务书，与项目经理沟通，明确电梯整机安装与调试的工作内容和要求。 2. 能依据安装作业任务书，到达安装现场，与项目经理及电梯使用单位相关人员沟通，进行现场勘查，并按照设备装箱单进行设备开箱核查，确定设备零件与装箱单内容相符、外观未损坏。 3. 能依据安装作业流程图、设备相关技术文件（安装说明书、土建布置图、机房平面布局图、动力电路和安全电路电气原理图）、安装合同、电梯安装手册、企业电梯安装与调试作业规范、国家相关标准及法律法规等，分析人员、场地等现场情况，制订和优化电梯安装与调试工作方案，并交项目经理审核。 4. 能依据电梯安装与调试工作方案，进行工具、材料、资料、设备的准备。 5. 能依据电梯安装与调试工作方案，与电梯使用单位沟通，开展电梯安装与调试作业，完成样板架设置、机房设备安装与调整、井道设备安装与调整、轿厢和对重安装与调整、层门设备安装与调整、悬挂设备安装与调整。

培养层级	典型工作任务	职业能力要求
高级技能	电梯整机安装与调试	6. 能在电梯安装与调试作业完成后，由调试人员调试验收，合格后，回收工具、材料、资料和设备，清理工作现场，出具电梯整机安装与调试报告，交电梯使用单位相关人员确认，经项目经理审核后存档。 7. 能在完成电梯整机安装作业后，进行工作总结，并提出现场安装和改进意见。 8. 能在作业过程中严格执行国家和企业标准、企业安全生产制度、环保管理制度以及"6S"管理规定。 9. 能与班组长、电梯使用单位相关人员进行有效的沟通，在作业过程中提出合理的建议。 10. 能在工作中独立分析与解决一般性问题，具备总结反思、持续改进、团结协作等能力。
	电梯设备大修	1. 能阅读电梯设备大修任务单，与项目经理等相关人员进行专业沟通，明确大修作业的项目内容。 2. 能查阅电梯设备大修相关资料，包括电梯安全技术理论、电梯使用维护说明书、大修合同、企业标准、国家标准和法规，明确工作要求。 3. 能依据电梯相关技术文件，识读电梯电气和机械图纸，查阅电梯设备相关安装文件等，进行现场勘查，确定现场是否符合维修条件。 4. 能依据电梯设备大修合同要求和电梯实际状况，按照电梯设备大修任务单要求，制订工作方案。 5. 能依据安全操作规范和维修作业规范，正确选用工具、材料、设备，在规定时间内完成电梯机械设备大修的工作任务。 6. 能依据安全操作规范和维修作业规范，正确选用工具、材料、设备，在规定时间内完成电梯电气设备大修的工作任务。 7. 能依据电梯设备大修工作流程，填写大修维护记录单，并交付验收。 8. 能归纳和展示电梯设备大修的操作流程、技术要点、工作方法、安全注意事项，总结工作经验，分析不足，提出合理的改进措施。 9. 能及时掌握电梯维修行业的政策现状及技术前沿、发展趋势，具有自我发展能力。
	电梯检验	1. 能阅读工作任务单，查阅电梯相关安全技术规范和标准，与小组成员进行信息沟通，明确工作任务的内容和要求，接受安全技术交底。 2. 能收集资料信息，根据工作任务单要求，明确电梯检验工作流程，制订工作计划。 3. 能查阅电梯检验规程和相关作业指导书，领取检验所需工具、设备、材料，并检查工具、设备的完好性。

培养层级	典型工作任务	职业能力要求
高级技能	电梯检验	4. 能依据工作计划，按照电梯检验工艺流程，严格遵守企业内部安全操作规定、电梯检验规程、电梯检验作业指导书，以小组合作方式完成电梯检验工作任务。 5. 能按照《电梯监督检验和定期检验规则——曳引与强制驱动电梯》（TSG T7001—2009）、《电梯制造与安装安全规范　第1部分：乘客电梯和载货电梯》（GB/T 7588.1—2020）等标准和技术规范的要求，使用钢直尺、塞尺、钢卷尺、绝缘电阻测试仪、钳形电流表等进行电梯监督检验和定期检验，记录检验数据，判定检验结果，填写电梯检验报告，提交技术主管审核、验收。 6. 能在现场检验工作完成后，按照"6S"管理规定，清扫、整理现场，恢复电梯正常运行，撤除安全围栏和警示牌，撤离现场。 7. 能依据汇报展示要求对工作过程进行资料收集、整合，利用多媒体设备和演示办公软件等表达、展示工作成果，具备统筹协调、总结反思、持续改进、团结协作等能力。
预备技师（技师）	电梯改造与装调	1. 能读懂改造与装调任务书，与项目主管等相关人员进行专业沟通，明确工作目标、内容与要求。 2. 能正确解读国家标准、行业标准、装调手册以及电梯电气系统改造与装调图纸、调试文件等。 3. 能认知常见梯型的结构、控制方式、主要参数和装调技术要求。 4. 能进行现场勘查，与机械安装班组沟通，确定现场是否符合装调条件。 5. 能根据任务书制订改造与装调实施技术方案，并进行方案优化，方案应包括安全责任落实，时间，人员组织与协调，工具、材料及设备列表，实施技术流程等。 6. 能根据安全操作规程和装调工艺规范，正确使用工具、材料、设备。 7. 能编制电梯电气系统接线表。 8. 能根据接线表，对电梯电气系统进行安装及固定、布线连接、检查、测量、运行逻辑分析、调试与运行。 9. 能综合分析慢、快车调试过程中遇到的故障或异常现象，通过观察法、替换法、电阻法、电压法、隔离法、短接法、分区分段法、故障树分析法等方法进行故障和异常状况的诊断与排除。 10. 能根据安装检查表、调试报告表的要求，按照行业标准对装调结果进行自检，确保电梯安全、可靠运行。 11. 能完成数据测量、记录，元器件动作确认，并填写相关表格，交付项目主管验收。 12. 能归纳总结电梯整机改造与装调的方法要点、技术技巧、故障排除方

培养层级	典型工作任务	职业能力要求
预备技师（技师）	电梯改造与装调	法和注意事项。 13. 能总结工作经验，分析不足，提出改进措施。 14. 能依据"6S"管理规定、安全操作规程和电梯安装、使用及维护说明书等文件，个人或小组完成工作现场的整理、设备和工具的维护与保养，具有质量意识、环保意识。
	电梯项目与安全管理	1. 能阅读电梯项目任务书和合同要求，与电梯业务单位相关人员沟通，明确工作内容和工作要求。 2. 能查阅电梯项目与安全管理相关资料，包括电梯安全技术理论、电梯使用与维护说明书、安装合同、保养合同、大修合同、企业标准、国家标准和法规。 3. 能与主管经理、电梯业务单位相关人员、特检院（所）人员等业务相关人员进行专业沟通。 4. 能制订符合安全性、经济性等需求的电梯项目与安全管理工作方案及工作进度计划安排表。 5. 能根据电梯项目与安全管理工作方案及工作进度计划安排表准备工具、材料及设备，领导项目作业人员开展项目实施。 6. 能在电梯项目与安全管理实施过程中进行电梯业务巡查，组织电梯项目进度会，依据工作进度计划安排表及工作规范要求，协调电梯业务单位相关人员、特检院（所）人员，控制业务的进度和工作质量。 7. 能综合分析业务实施过程中出现的难点、重点问题，提出创新性改进意见，并进行工作总结。 8. 能对业务实施过程进行总结与评价。 9. 能依据"6S"管理规定、电梯维修作业人员安全操作规定和电梯维修与安装手册，个人或小组完成业务现场的整理、设备和工具的维护与保养、工作日志的填写等工作，具备团结协作等能力和环保意识、规范意识。
	电梯工程技术人员工作指导与技术培训	1. 能分析工作任务书，明确电梯工程技术人员工作指导与技术培训的内容和要求。 2. 能了解和分析接受指导与培训的电梯工程技术人员的专业知识、工作技能和职业素养情况。 3. 能准确查阅生产、维修相关技术手册等资料，制订技术培训工作方案，开发技术培训资料。 4. 能对电梯工程技术人员进行工作指导与技术培训，给出工作指导审核意见并撰写技术培训工作总结。 5. 能在工作指导和技术培训过程中，保持严谨的工作态度，严格遵守和执行工作规范，安全、质量、环保等管理制度以及"6S"管理规定。

三、培养模式

（一）培养体制

依据职业教育有关法律法规和校企合作、产教融合相关政策要求，按照技能人才成长规律，紧扣本专业技能人才培养目标，结合学校办学实际情况，成立专业建设指导委员会。通过整合校企双方优质资源，制定校企合作管理办法，签订校企合作协议，推进校企共创培养模式、共同招生招工、共商专业规划、共议课程开发、共组师资队伍、共建实训基地、共搭管理平台、共评培养质量的"八个共同"，实现本专业高素质技能人才的有效培养。

（二）运行机制

1. 中级技能层级

中级技能层级宜采用"学校为主、企业为辅"的校企合作运行机制。

校企双方根据电梯工程技术专业中级技能人才特征，建立适应中级技能层级的运行机制。一是结合中级技能层级工学一体化课程以执行定向任务为主的特点，研讨校企协同育人方法路径，共同制定和采用"学校为主、企业为辅"的培养方案，共创培养模式；二是发挥各自优势，按照人才培养目标要求，以初中生源为主，制订招生招工计划，通过开设企业订单班等措施，共同招生招工；三是对接本领域行业协会和标杆企业，紧跟本产业发展趋势、技术更新和生产方式变革，紧扣企业岗位能力最新要求，以学校为主推进专业优化调整，共商专业规划；四是围绕就业导向和职业特征，结合本地本校办学条件和学情，推进本专业工学一体化课程标准校本转化，进行学习任务二次设计、教学资源开发，共议课程开发；五是发挥学校教师专业教学能力和企业技术人员工作实践能力优势，通过推进教师开展企业工作实践、聘用企业技术人员开展学校教学实践等方式，以学校教师为主、企业兼职教师为辅，共组师资队伍；六是基于一体化学习工作站和校内实训基地建设，规划建设集校园文化与企业文化、学习过程与工作过程为一体的校内外学习环境，共建实训基地；七是基于一体化学习工作站、校内实训基地等学习环境，参照企业管理规范，突出企业在职业认知、企业文化、就业指导等职业素养养成层面的作用，共搭管理平台；八是根据本层级人才培养目标、国家职业标准和企业用人要求，制定评价标准，对学生职业能力、职业素养和职业技能等级实施评价，共评培养质量。

基于上述运行机制，校企双方共同推进本专业中级技能人才综合职业能力培养，并在培养目标、培养过程、培养评价中实施学生相应通用能力、职业素养和思政素养的培养。

2. 高级技能层级

高级技能层级宜采用"校企双元、人才共育"的校企合作运行机制。

校企双方根据电梯工程技术专业高级技能人才特征，建立适应高级技能层级的运行机制。一是结合高级技能层级工学一体化课程以解决系统性问题为主的特点，研讨校企协同育人方法路径，共同制定和采用"校企双元、人才共育"的培养方案，共创培养模式；二是发挥各自优势，按照人才培养目标要求，以初中、高中、中职生源为主，制订招生招工计划，通过开设校企双制班、企业订单班等措施，共同招生招工；三是校企对接本领域行业协会和标杆企业，紧跟本产业发展趋势、技术更新和生产方式变革，紧扣企业岗位能力最新要求，合力制定专业建设方案，推进专业优化调整，共商专业规划；四是围绕就业导向和职业特征，结合本地本校办学条件和学情，推进本专业工学一体化课程标准的校本转化，进行学习任务二次设计、教学资源开发，共议课程开发；五是发挥学校教师专业教学能力和企业技术人员工作实践能力优势，通过推进教师开展企业工作实践、聘请企业技术人员为兼职教师等方式，涵盖学校专业教师和企业兼职教师，共组师资队伍；六是以一体化学习工作站和校内外实训基地为基础，共同规划建设兼具实践教学功能和生产服务功能的大师工作室，集校园文化与企业文化、学习过程与工作过程为一体的校内外学习环境，创建产教深度融合的产业学院等，共建实训基地；七是基于一体化学习工作站、校内外实训基地等学习环境，参照企业管理机制，组建校企管理队伍，明确校企双方责任权利，推进人才培养全过程校企协同管理，共搭管理平台；八是根据本层级人才培养目标、国家职业标准和企业用人要求，共同构建人才培养质量评价体系，共同制定评价标准，共同实施学生职业能力、职业素养和职业技能等级评价，共评培养质量。

基于上述运行机制，校企双方共同推进本专业高级技能人才综合职业能力培养，并在培养目标、培养过程、培养评价中实施学生相应通用能力、职业素养和思政素养的培养。

3. 预备技师（技师）层级

预备技师（技师）层级宜采用"企业为主、学校为辅"的校企合作运行机制。

校企双方根据电梯工程技术专业预备技师（技师）人才特征，建立适应预备技师（技师）层级的运行机制。一是结合预备技师（技师）层级工学一体化课程以分析解决开放性问题为主的特点，研讨校企协同育人方法路径，共同制定和采用"企业为主、学校为辅"的培养方案，共创培养模式；二是发挥各自优势，按照人才培养目标要求，以初中、高中、中职生源为主，制订招生招工计划，通过开设校企双制班、企业订单班和开展企业新型学徒制培养等措施，共同招生招工；三是对接本领域行业协会和标杆企业，紧跟本产业发展趋势、技术更新和生产方式变革，紧扣企业岗位能力最新要求，以企业为主，共同制定专业建设方案，共同推进专业优化调整，共商专业规划；四是围绕就业导向和职业特征，结合本地本校办学条件和学情，推进本专业工学一体化课程标准的校本转化，进行学习任务二次设计、教学资源开发，并根据岗位能力要求和工作过程推进企业培训课程开发，共议课程开发；五是发挥学校教师专业教学能力和企业技术人员专业实践能力优势，推进教师开展企业工作实践，通过聘用等方式，涵盖学校专业教师、企业培训师、实践专家、企业技术人员，共组师资队伍；六是以校外实训基地、校内生产性实训基地、产业学院等为主要学习环境，以完成企业真实工作任务为学习载体，以地方品牌企业实践场所为工作环境，共建实训基地；七是基于校内外实训基地等学习环境，学校参照企业管理机制，企业参照学校教学管理机制，组建校企管理队伍，明确校企双方责任权利，推进人才培养全过程校企协同管理，共搭管理平台；八是根据本层级人才培养目标、国家职业标准和企业用人要求，共同构建人才培养质量评价体系，共同制定评价标准，共同实施学生综合职业能力、职业素养和职业技能等级评价，共评培养质量。

基于上述运行机制，校企双方共同推进本专业预备技师（技师）技能人才综合职业能力培养，并在培养目标、培养过程、培养评价中实施学生相应通用能力、职业素养和思政素养的培养。

四、课程安排

使用单位应根据人力资源社会保障部颁布的《电梯工程技术专业国家技能人才培养工学一体化课程设置方案》开设本专业课程。本课程安排只列出工学一体化课程及建议学时，使用单位可依据院校学习年限和教学安排确定具体学时分配。

（一）中级技能层级工学一体化课程表（初中起点三年）

序号	课程名称	基准学时	学时分配					
			第1学期	第2学期	第3学期	第4学期	第5学期	第6学期
1	电梯照明线路安装	160			160			
2	电梯例行保养	160			160			
3	电梯部件安装	320				160	160	
4	电梯一般故障检修	160				160		
5	自动扶梯一般故障检修	160					160	
6	电梯专项保养	160					160	
	总学时	1 120			320	320	480	

（二）高级技能层级工学一体化课程表（高中起点三年）

序号	课程名称	基准学时	学时分配					
			第1学期	第2学期	第3学期	第4学期	第5学期	第6学期
1	电梯照明线路安装	160		160				
2	电梯例行保养	160		160				
3	电梯部件安装	320			240	80		
4	电梯一般故障检修	160			160			

序号	课程名称	基准学时	学时分配					
			第1学期	第2学期	第3学期	第4学期	第5学期	第6学期
5	自动扶梯一般故障检修	160				160		
6	电梯专项保养	160				160		
7	电梯设备大修	320				160	160	
8	电梯整机安装与调试	160					160	
9	电梯检验	160					160	
	总学时	1 760		320	400	560	480	

（三）高级技能层级工学一体化课程表（初中起点五年）

序号	课程名称	基准学时	学时分配									
			第1学期	第2学期	第3学期	第4学期	第5学期	第6学期	第7学期	第8学期	第9学期	第10学期
1	电梯照明线路安装	160			160							
2	电梯例行保养	160			160							
3	电梯部件安装	320				160	160					
4	电梯一般故障检修	160				160						
5	自动扶梯一般故障检修	160				160						
6	电梯专项保养	320					160	160				
7	电梯设备大修	320								160	160	
8	电梯整机安装与调试	320								160	160	
9	电梯检验	240								160	80	
	总学时	2 160		320	320	480		160		480	400	

（四）预备技师（技师）层级工学一体化课程表（高中起点四年）

序号	课程名称	基准学时	学时分配							
			第1学期	第2学期	第3学期	第4学期	第5学期	第6学期	第7学期	第8学期
1	电梯照明线路安装	160		160						
2	电梯例行保养	160		160						
3	电梯部件安装	320			240	80				

序号	课程名称	基准学时	学时分配							
			第1学期	第2学期	第3学期	第4学期	第5学期	第6学期	第7学期	第8学期
4	电梯一般故障检修	160			160					
5	自动扶梯一般故障检修	160				160				
6	电梯专项保养	160				160				
7	电梯设备大修	320				160	160			
8	电梯整机安装与调试	160					160			
9	电梯检验	160					160			
10	电梯改造与装调	240						120	120	
11	电梯项目与安全管理	80						80		
12	电梯工程技术人员工作指导与技术培训	80							80	
	总学时	2 160		320	400	560	480	200	200	

（五）预备技师（技师）层级工学一体化课程表（初中起点六年）

序号	课程名称	基准学时	学时分配												
			第1学期	第2学期	第3学期	第4学期	第5学期	第6学期	第7学期	第8学期	第9学期	第10学期	第11学期	第12学期
1	电梯照明线路安装	160			160									
2	电梯例行保养	160			160									
3	电梯部件安装	320				160	160							
4	电梯一般故障检修	160				160								
5	自动扶梯一般故障检修	160					160							
6	电梯专项保养	320					160		160					
7	电梯整机安装与调试	320							160	160				
8	电梯设备大修	320								160	160			
9	电梯检验	240								160	80			
10	电梯改造与装调	240										120	120	
11	电梯项目与安全管理	80										80		
12	电梯工程技术人员工作指导与技术培训	80											80	
	总学时	2 560			320	320	480		320	480	240	200	200	

五、课程标准

（一）电梯照明线路安装课程标准

工学一体化课程名称	电梯照明线路安装	基准学时	160[①]

典型工作任务描述

电梯照明线路是指电梯机房、井道和轿厢的灯具、插座、风扇及其线路等。安装是按照一定的程序和要求，把相应规格的器材固定到指定位置上。电梯照明线路的安装主要是完成线路敷设及将灯具、插座、风扇等电器安装在指定位置上，并按照技术要求进行检查确认，满足要求后通电试运行。电梯照明线路安装是电梯安装的工作之一，需要由电梯安装作业人员实施。电梯照明线路安装包含轿厢照明与插座安装、井道照明与插座安装、机房照明与插座安装。

电梯安装作业人员从项目组长处接受任务书，按照任务要求，明确作业内容，查阅图纸（或产品安装手册），勘查现场情况，制订工作计划，准备工具及物料，按照安装计划及施工规范要求进行机房照明、井道照明和轿厢照明的安装，作业过程遵守安全操作规程，完成安装后，进行绝缘测试、通电试运行，并填写安装过程记录（电梯安装记录单），清洁、整理施工现场，将安装过程记录交付班组长。

在作业过程中，电梯安装作业人员须严格遵守《电梯制造与安装安全规范　第1部分：乘客电梯和载货电梯》（GB/T7588.1—2020）、《电梯监督检验和定期检验规则——曳引与强制驱动电梯》（TSG T7001—2009）等标准和技术规范，按照安装计划、图纸（或产品安装手册）、作业规范要求进行施工，严格遵守安全生产规定和操作规程，安装完成后，按照《电梯安装验收规范》（GB/T 10060—2011）和企业内部验收标准进行安装质量检测和验收。

工作内容分析

工作对象：	工具、材料、设备与资料：	工作要求：
1. 任务要求的明确； 2. 工作计划的制订； 3. 工具、材料和设备的准备； 4. 自我安全检查的实施； 5. 电梯照明线路安装的实施； 6. 电梯照明线	1. 工具：钢丝钳、尖嘴钳、斜口钳、剥线钳、电工刀、常用规格的旋具、常用规格的扳手、橡胶榔头、卷尺、塞尺、卡尺、角尺、直尺、线坠、层门钥匙（如三角钥匙）、顶门器、手电筒、对讲机等（以下简称通用工具），万用表、钳形电流表、绝缘表、验电笔等（以下简称常用仪器仪表），警示牌、安全帽、绝缘鞋、手套、护栏、护目镜（以下简称常用安全防护用品），冲击钻、手电钻、手锯等； 2. 材料：线槽、线管、导线、灯具、交/直流电源、断路器、开关、插座、绝缘胶带、接线盒等； 3. 设备：曳引驱动电梯、电工操作台、计算机等；	1. 电梯安装作业人员从项目组长处接受电梯照明线路安装的工作任务，明确本次安装的任务要求； 2. 根据安装工作任务要求，查阅电梯安装作业指导书、安装合同、企业标准、国家标准和法规，制订工作计划； 3. 根据电梯照明线路安装工作计划，准备工具、材

[①] 此基准学时为初中生源学时，下同。

路自检的实施； 7. 现场的整理、工具、材料资料和设备的回收，电梯安装记录单的填写； 8. 工作评价。	4. 资料：国家法律和条例、国家标准、特种设备安全技术规范、企业标准、安全操作规程、安装合同、电梯安装任务书、电梯安装作业指导书、安装过程记录（电梯安装记录单）、"6S"管理规定、参考书等。 **工作方法：** 1. 资料的查阅方法； 2. 工具的使用方法； 3. 导线的敷设方法； 4. 灯具、开关、插座的安装方法； 5. 电梯安装记录单的填写方法。 **劳动组织方式：** 1. 以小组合作形式实施； 2. 从项目组长处领取任务，现场勘查，制订工作计划，领取工具、材料和设备，小组协作完成安装作业； 3. 工作结束后上交电梯安装记录单，归还工具。	料和设备； 4. 勘查安装现场，进行安装前的自我安全检查； 5. 根据任务要求，开展电梯照明线路安装； 6. 根据任务要求，对电梯照明线路进行自检； 7. 清洁、整理施工现场，回收工具、材料、资料和设备，填写电梯安装记录单； 8. 现场完工后，将电梯安装记录单上交存档，并由管理人员进行评价，完成安装工作。

课程目标

学习完本课程后，学生应能胜任电梯照明线路安装工作，包括：

1. 能通过识读电梯照明及插座安装任务书，明确工作任务。

2. 能正确识读电梯照明安装平面图。

3. 能根据任务要求和施工图纸，勘查施工现场，设置施工通告牌及进行技术交底等开工前的必要准备工作。

4. 能明确电梯照明线路及插座的安装流程。

5. 能与项目组长进行专业沟通，根据电梯照明线路及插座安装任务书的要求和实际情况，在项目组长的指导下制订工作计划。

6. 能正确使用电梯照明线路安装常用工具与专用工具，穿戴安全帽、安全带、工作服等安全防护用具。

7. 能按图纸、工艺、安全规程要求，完成电梯照明线路及插座的安装。

8. 能正确进行安装质量自检，填写自检表，并交付验收。

9. 能拓展学习电梯照明线路常见故障现象与处理方法，具备电梯照明线路维修技能。

10. 能对电梯照明线路及插座安装过程进行总结与评价。

11. 能依据"6S"管理规定、电梯维修作业人员安全操作规定和电梯维修及安装手册，个人或小组完成工作现场的整理、设备和工具的维护与保养、工作日志的填写等工作，具备环保意识、规范意识和劳动精神。

学习内容

本课程的主要学习内容包括：

一、照明线路安装工作任务的接受

实践知识：工作任务书的阅读，轿厢、井道、机房及其照明线路元器件的识别。

理论知识：电工基本知识。

二、照明线路安装工作计划的制订

实践知识：电梯安装示意图的查阅，电梯照明与插座安装位置的勘查，照明线路平面布置图的识读及绘制，照明线路原理图的识读。

理论知识：电梯照明线路安装规范，灯具、开关、插座的定义、功能、安装工艺要求及安全要求，照明线路检修的基本工作流程及技术要求。

三、照明线路安装的工作准备

实践知识：个人安全防护用品的规范使用，触电急救和电气防火及灭火，安装所需电工工具（旋具、剥线钳、斜口钳、尖嘴钳、电工刀等）、安装材料及常用仪器仪表（万用表、钳形电流表、绝缘表、验电笔等）的正确识别和使用。

理论知识：技术交底的知识，常见电工工具、材料、元器件及常用仪器仪表（万用表、钳形电流表、绝缘表、验电笔等）的功能、类别、结构及其参数。

四、照明线路安装工作任务的实施

实践知识：照明元器件的安装，线管、线槽及导线的敷设，典型照明线路电气故障（短路及断路）的排除。

理论知识：电梯照明线路的绝缘检查方法，接地的检查方法，导线、线管、线槽的敷设方法。

五、照明线路安装工作任务的自检

实践知识：线路的自检，工作报告的撰写及与客户、其他工作人员的协作与沟通。

理论知识：《电梯安装验收规范》（GB/T 10060—2011）中关于照明线路自检项目的技术要求。

六、通用能力、职业素养、思政素养

自主学习、自我管理、信息检索、理解与表达、交往与合作、创新思维、解决问题等通用能力，安全意识、质量意识、规范意识、效率意识、成本意识、环保意识、市场意识、服务意识等职业素养，以及劳模精神、劳动精神、工匠精神等思政素养。

参考性学习任务

序号	名称	学习任务描述	参考学时
1	轿厢照明与插座安装	某楼盘工地正在进行电梯轿厢照明、风扇、应急照明与插座的安装。电梯安装作业人员从项目组长处领取安装任务单，要求采用小组合作的方式在1天内完成安装任务，并交付验收。 　　电梯安装作业人员从项目组长处接受电梯轿厢照明线路安装的工作任务，明确本次安装的任务要求；根据安装工作任务要求，查阅电梯安装作业指导书、安装合同、企业标准、国家标准和法规，制订工作计划；根据轿厢照明线路安装工作计划，准备工具、材料和设备；勘查安装现场，进行安装前的自我安全检查，开展轿厢照明线路安装；对轿厢照明线路进行自检；回收工具、材料、资料和设	40

1	轿厢照明与插座安装	备，填写电梯安装记录单；现场完工后，将电梯安装记录单上交存档，并由项目管理人员进行评价。 　　在作业过程中，电梯安装作业人员须严格遵守《电梯制造与安装安全规范　第1部分：乘客电梯和载货电梯》（GB/T 7588.1—2020）、《电梯安装验收规范》（GB/T 10060—2011）等的要求，并按照安全操作规程和"6S"管理规定进行。	
2	井道照明与插座安装	某楼盘工地正在进行电梯井道照明与插座的安装。电梯安装作业人员从项目组长处领取安装任务单，要求采用小组合作的方式在2天内完成安装任务，并交付验收。 　　电梯安装作业人员从项目组长处接受电梯井道照明线路安装的工作任务，明确本次安装的任务要求；根据安装工作任务要求，查阅电梯安装作业指导书、安装合同、企业标准、国家标准和法规，制订工作计划；根据井道照明线路安装工作计划，准备工具、材料和设备；勘查安装现场，进行安装前的自我安全检查，开展井道照明线路安装；对井道照明线路进行自检；回收工具、材料、资料和设备，填写电梯安装记录单；现场完工后，将电梯安装记录单上交存档，并由项目管理人员进行评价。 　　在作业过程中，电梯安装作业人员须严格遵守《电梯制造与安装安全规范　第1部分：乘客电梯和载货电梯》（GB/T 7588.1—2020）、《电梯安装验收规范》（GB/T 10060—2011）等的要求，并按照安全操作规程和"6S"管理规定进行。	60
3	机房照明与插座安装	某楼盘工地正在进行电梯机房照明与插座的安装。电梯安装作业人员从项目组长处领取安装任务单，要求采用小组合作的方式在1天内完成安装任务，并交付验收。 　　电梯安装作业人员从项目组长处接受电梯机房照明线路安装的工作任务，明确本次安装的任务要求；根据安装工作任务要求，查阅电梯安装作业指导书、安装合同、企业标准、国家标准和法规，制订工作计划；根据机房照明线路安装工作计划，准备工具、材料和设备；勘查安装现场，进行安装前的自我安全检查，开展机房照明线路安装；对机房照明线路进行自检；回收工具、材料、资料和设备，填写电梯安装记录单；现场完工后，将电梯安装记录单上交存档，并由项目管理人员进行评价。 　　在作业过程中，电梯安装作业人员须严格遵守《电梯制造与安装安全规范　第1部分：乘客电梯和载货电梯》（GB/T 7588.1—2020）、《电梯安装验收规范》（GB/T 10060—2011）等的要求，并按照安全操作规程和"6S"管理规定进行。	60

教学实施建议

1. 师资要求

任课教师需具备电梯照明线路安装的企业实践经验，具备电梯照明线路安装工学一体化课程教学设计与实施、教学资源选择与应用等能力。

2. 教学组织方式与方法建议

采用行动导向的教学方法。为确保教学安全，提高教学效果，建议采用分组教学的形式（2~3人/组），小组内进行岗位轮换。在完成工作任务的过程中，教师须给予适当指导，注重培养学生独立分析、解决问题的能力，注重学生职业素养和规范操作的培养。

3. 教学资源配备建议

（1）教学场地

"电梯照明线路安装"典型工作任务一体化学习工作站须具备良好的安全、照明和通风条件，可分为集中教学区、分组教学区、信息检索区、工具存放区和成果展示区，并配备相应的多媒体教学设备。工位须配备适宜教学活动开展的工学结合实训区域，包含机房、井道、轿厢设备、层站、底坑或等同模拟设备。

（2）工具、材料、设备

工具：通用工具，常用安全防护用品，冲击钻、手电钻、手锯等，万用表、钳形电流表、绝缘表、验电笔等。

材料：线槽、线管、导线、灯具、交/直流电源、断路器、开关、插座、绝缘胶带、接线盒等。

设备：曳引驱动电梯、电工操作台、计算机等。

（3）教学资料

国家法律和条例、国家标准、特种设备安全技术规范、企业标准、安全操作规程、安装合同、电梯安装作业指导书、"6S"管理规定等。

按学生个人配置：工作页、电梯安装任务书、安装过程记录（电梯安装记录单）、参考书等。

4. 教学管理制度

执行工学一体化教学场所和教学组织的管理规定，如需要进行校外认识实习和岗位实习，应遵守生产性实训基地、企业实习等管理制度。

教学考核要求

电梯照明线路安装是电梯电气系统安装与调试中的基础项目，采用过程性考核和终结性考核相结合的方式。

1. 过程性考核

采用自我评价、小组评价和教师评价相结合的方式进行考核，让学生学会客观地自我评价，教师依据学生的学习过程，并参照学生的自我评价和小组评价进行知识、技能、素养等方面的总评性评价，最后提出完善性的改进建议。

（1）课堂考核：考核出勤、学习态度、课堂纪律、回答问题、小组协作与展示等。

（2）作业考核：考核工作页的完成情况、相关工作报告的撰写、课后练习等。

（3）阶段考核：理论知识测试、实操项目测试等。

2. 终结性考核

学生根据任务情境中的要求，依据作业规范，在规定时间内完成电梯照明与插座安装，达到相关规定要求。

考核任务参考案例：电梯照明与插座安装

【情境描述】

某电梯公司接到一台电梯的安装任务，目前已经完成了轿厢和对重机械部分的安装，且随行电缆已连接到机房，现需要进行电梯照明与插座的安装。电梯安装作业人员从项目组长处领取安装任务单，要求采用小组合作的方式在规定时间内完成安装任务，并交付验收。

【任务要求】

根据任务的情境描述，在规定时间内完成电梯照明与插座安装任务。

1. 从项目组长处接受电梯照明与插座安装的工作任务，明确本次安装的任务要求。

2. 根据安装任务要求，查阅电梯安装作业指导书、安装合同、企业标准、国家标准和技术规范，制订工作计划。

3. 根据工作计划，准备工具、材料和设备。

4. 勘查安装现场，进行安装前的安全检查。

5. 开展电梯照明与插座安装。

6. 进行安装自检。回收工具、材料、资料和设备，填写电梯安装记录单。

7. 现场完工后，将电梯安装记录单上交存档，并由项目管理人员进行评价，完成安装工作。

8. 能依据"6S"管理规定、电梯安装作业人员安全操作规定和电梯维修及安装手册，个人或小组完成工作现场的整理、设备和工具的维护与保养、工作日志的填写等工作。

【参考资料】

完成上述任务时，可以使用所有常见教学资料，如国家法律和条例、国家标准、特种设备安全技术规范、企业标准和规范、安全操作规程、电梯安装技术手册、工作页、"6S"管理规定、参考书等资料，个人笔记和网络资源等。

（二）电梯例行保养课程标准

工学一体化课程名称	电梯例行保养	基准学时	160
典型工作任务描述			

电梯作为一种特种机电设备，须进行经常性的维护与保养。电梯例行保养是电梯设备安装之后，为确保电梯设备和零部件达到安全性能和预期功能所需的操作，包括机房、井道、轿厢与层站的检查、清洁、润滑。其中清洁、润滑不包括部件的解体。电梯例行保养由取得许可的安装、改造、维修单位或者电梯制造单位承担，须由取得国家统一格式的特种设备作业人员资格证书的电梯维保作业人员（电梯维保工）实施作业。

电梯维保作业人员从班组长处接受任务，领取电梯保养安排表和电梯维保记录（电梯保养单），根据任务要求，明确工作任务。查阅电梯保养安排表、电梯维保记录、国家相关标准和法规，调取被保养电梯的相关信息，电梯安装、使用及维护说明书和相关标准，明确电梯例行保养的工作安排，并就电梯例行保养安排与电梯使用单位进行沟通。根据保养安排要求，准备工具、材料和设备，并就物料的状况进行自检。到达工作现场，与电梯使用单位管理人员进行接洽、沟通，实施电梯机房、井道、轿厢与层站例行保养，包括检查、清洁、润滑操作。电梯例行保养结束后，试运行电梯，检查电梯例行保养后的状况，复位电梯，回收工具、材料、资料和设备，填写电梯维保记录。提交电梯使用单位评价反馈，并就电梯维保记录进行确认。现场作业完成后，交付班组长进行评价，完成电梯例行保养工作。

在电梯例行保养实施过程中，须遵守《中华人民共和国安全生产法》《中华人民共和国特种设备安全法》和《特种设备安全监察条例》的规定，执行《电梯、自动扶梯和自动人行道维修规范》（GB/T 18775—2009）、《电梯维护保养规则》（TSG T5002—2017）、安全操作规程、"6S"管理规定和保养合同的要求，对电梯开展检查、清洁、润滑等日常维护性工作，按《电梯制造与安装安全规范 第1部分：乘客电梯和载货电梯》（GB/T 7588.1—2020）、《电梯技术条件》（GB/T 10058—2009）、《电梯试验方法》（GB/T 10059—2009）、《电梯安装验收规范》（GB/T 10060—2011）、《电梯曳引机》（GB/T 24478—2009）、《电梯用钢丝绳》（GB/T 8903—2018）、保养合同等进行验收。

工作内容分析

工作对象：	工具、材料、设备与资料：	工作要求：
1. 工作内容的明确；	1. 工具：通用工具，常用安全防护用品，常用仪器仪表，吹风机、吸尘器、黄油枪、油壶，转速表、温度仪、声级计、测力计、照度计，记号笔、刷子、抹布等；	1. 电梯维保作业人员从班组长处接受电梯例行保养的工作任务，明确本次例行保养的任务内容；
2. 电梯例行保养工作计划的制订；	2. 材料：导轨润滑油、曳引机齿轮润滑油、除锈剂、黄油、砂纸等；	2. 查阅电梯保养安排表、电梯维保记录、国家相关标准和法规，调取被保养电梯的相关信息，电梯安装、使用及维护说明书，保养合同和企业相关规定，制订电梯例行保养工作计划；
3. 工具、材料和设备的准备；	3. 设备：曳引驱动电梯、曳引机部件、缓冲器部件、导轨部件、对重部件、层门部件、轿门门机部件、限速器部件、安全钳部件、台钻、计算机等；	
4. 电梯例行保养的实施；	4. 资料：国家法律和条例，国家标准，特种设备安全技术规范，企业标准，安全操作规程，电梯保养合同，电梯安装、使用及维护说明书，企业标准，电梯维保记录，"6S"管理规定，参考书等。	3. 根据电梯保养工作安排，准备工具、材料和设备；
5. 电梯例行保养自检，工具、材料、资料和设备的回收，电梯维保记录的填写；	**工作方法：** 1. 资料的查阅方法； 2. 工具的使用方法； 3. 电梯维护的操作方法； 4. 电梯紧急救援的方法； 5. 电梯零部件的检查、清洁和润滑方法；	4. 到达保养现场，与电梯使用单位接洽沟通，了解近期电梯的运行状况，开

6. 电梯维保记录确认及评价。	6. 电梯维保记录的填写方法； 7. 与小组协作的方法； 8. 与客户（使用人员、检验人员）沟通的方法。 **劳动组织方式：** 1. 以小组合作形式实施； 2. 从班组长处领取任务，工作结束后上交电梯维保记录（保养单位联）； 3. 从企业备货处领取工具、材料和设备，工作结束后归还； 4. 与电梯使用单位相关人员沟通，协助开展保养作业； 5. 与同伴协作完成保养作业。	展电梯例行保养； 5. 对电梯进行试运行，自检成功后，复位电梯，回收工具、材料、资料和设备，填写电梯维保记录； 6. 提交电梯使用单位评价电梯保养情况，并就电梯维保记录进行确认，将电梯维保记录（保养单位联）上交存档，并由班组长进行评价，完成保养工作。

课程目标

学习完本课程后，学生应能胜任电梯例行保养工作，包括：

1. 能阅读电梯安排表和电梯维保记录（电梯保养单），查询被保养电梯状况并记录相关信息，明确保养作业的任务内容。

2. 能查询电梯例行保养相关资料，包括电梯安全技术理论，电梯安装、使用及维护说明书，电梯保养合同，企业标准，国家标准和法规。

3. 能与班组长、电梯使用单位人员、特检院（所）年检人员等相关人员进行专业沟通，根据电梯保养合同要求和电梯实际状况，按照电梯保养安排表和电梯维保记录要求，制订工作计划。

4. 能根据电梯例行保养任务的要求，进行作业前的准备工作，包括工具、材料、设备的准备。

5. 能在规定时间内规范完成机房、井道、轿厢与层站的检查、清洁、润滑等，并填写电梯维保记录。

6. 能正确使用工具和设备，符合安全规范要求。

7. 能实施维护过程自检、竣工后电梯试运行复位，回收工具、材料、资料和设备，规范填写电梯维保记录并签字确认，交付电梯使用单位人员和班组长确认签名。

8. 能归纳和展示电梯例行保养的操作流程、技术要点、安全注意事项，总结工作经验，分析不足，必要时提出合理化建议。

9. 能依据国家相关法律法规、行业规范、企业操作规程、环保管理制度、"6S"管理规定、电梯维保作业人员安全操作规定和电梯安装、使用及维护说明书等文件，进行验收。

10. 能与班组长、电梯使用单位、组员等相关人员进行有效的沟通，在作业过程中提出合理的建议。

11. 能在工作中独立分析与解决复杂性、关键性和创新性问题，具备总结反思、持续改进、团结协作等能力，以及劳动精神等思政素养。

学习内容

本课程的主要学习内容包括：

一、电梯例行保养工作任务的接受

实践知识：电梯工作环境与管理制度的认识，工作任务书的阅读，电梯保养工作任务的了解。

理论知识：电梯的定义、分类、组成。

二、电梯例行保养工作计划的制订

实践知识：工作计划表的填写，工作内容的填写，与客户的沟通。

理论知识：电梯例行保养的工作流程和技术要求。

三、电梯例行保养的工作准备

实践知识：常用安全防护用品的使用，维保材料（黄油、除锈剂、清洁液等）的选用，常用电工工具、常用钳工工具（活动扳手、旋具、台虎钳、卷尺、直尺、角尺、塞尺等）的选用，专用工具（黄油枪、油壶等）的选用，常用仪器仪表的使用。

理论知识：电梯零部件的结构，电梯部件和整机的运行原理，电梯安全的基础知识，用电安全的基础知识。维护耗材、常用电工工具、常用钳工工具、专用工具、常用仪器仪表的功能、类型、结构和参数。

四、电梯例行保养的实施

实践知识：电梯例行保养作业（机房、井道、轿厢与层站设备的检查、清洁、润滑）的实施，电梯主要部位（电梯曳引机、控制柜、轿厢、层门、轿门、门机、缓冲器等）的检查、清洁、润滑，电梯安全上下轿顶的操作，电梯安全进出底坑的操作，电梯紧急救援的演练。

理论知识：电梯安全上下轿顶的操作方法，电梯安全进出底坑的操作方法，电梯紧急救援的操作方法，"6S"管理规定、环保管理制度等。

五、电梯例行保养的自检

实践知识：电梯相关国家标准、检规和企业标准的查阅，电梯例行保养质量的检验与评估。

理论知识：机房设备（包括电源、控制柜、照明装置、通风装置、曳引机、限速器、绳头）的检测方法，井道设备（包括轿顶相关设备、底坑相关设备）的检测方法，轿厢及层站设备（包括轿厢内部设备、轿门、层门、层站）的检测方法。

六、通用能力、职业素养、思政素养

自主学习、自我管理、信息检索、理解与表达、交往与合作、创新思维、解决问题等通用能力，安全意识、质量意识、规范意识、效率意识、成本意识、环保意识、市场意识、服务意识等职业素养，以及劳模精神、劳动精神、工匠精神等思政素养。

参考性学习任务			
序号	名称	学习任务描述	参考学时
1	机房检查、清洁、润滑	某小区一台 TKJ 1000/1.75-JXW 有机房乘客电梯（近似电梯或类同教学电梯），按照该小区物业与电梯维保公司合同要求，需要对该电梯机房开展例行保养，包括曳引机例行保养、控制柜及相关设备保养和电梯紧急救援演练。班组长（维保组长）向电梯维保作业人员（电梯保养工）布置本月的电梯保养安排表，电梯维保作业人员根据电梯保养安排表确定本次电梯机房例行保养任务，按照电梯维保手册和相关标准要求，需要在4小时内完成该电梯机房例行保养，确保电梯机房设备和零部件达到安全要求和预期功能，并填写相关电	60

| 1 | 机房检查、清洁、润滑 | 梯维保记录。

电梯维保作业人员从班组长处领取电梯保养安排表和电梯维保记录，明确保养任务；根据电梯维保记录，调取电梯保养资料（电梯维保手册）/电梯保养记录档案，明确电梯机房保养安排；根据保养安排要求，向物业管理人员告知电梯机房保养任务；根据保养安排要求，填写领料单，从电梯备货处领取并检查相关物料（工具、材料和设备）；到达现场，与物业管理人员进行接洽沟通，准备保养；实施电梯机房的保养，包括开展曳引机、控制柜及相关设备的检查、清洁、润滑，开展电梯紧急救援演练，实施过程中进行自检，并填写自检记录；保养实施结束后，进行电梯试运行6次，确认电梯试运行正常；试运行正常后，清理现场，电梯维保作业人员填写电梯维保记录，并签名确认；将电梯维保记录提交物业管理人员，并签名确认；离开工作现场，归还工具、材料、设备，将电梯维保记录提交班组长签名确认，交付电梯维保公司进行存档，完成本次工作任务。

在作业过程中，电梯维保作业人员须严格遵守国家相关法律法规、行业规范、企业操作规程、电梯维护与保养手册等的要求，并按照安全操作规程和"6S"管理规定进行。 | |
| 2 | 井道检查、清洁、润滑 | 某小区一台 TKJ 1000/1.75-JXW 有机房乘客电梯（近似电梯或类同教学电梯），按照该小区物业与电梯维保公司合同要求，需要对该电梯井道开展例行保养。班组长向电梯维保作业人员布置本月的电梯保养安排表，电梯维保作业人员根据电梯保养安排表确定本次电梯井道例行保养任务，按照电梯保养合同、国家行业相关规定和企业相关标准，需要在6小时内完成该电梯井道例行保养，并填写相关电梯维保记录。

电梯维保作业人员从班组长处领取电梯保养安排表和电梯维保记录，明确保养任务；根据电梯维保记录，调取电梯保养资料（电梯维保手册）/电梯保养记录档案，明确电梯井道保养安排；根据保养安排要求，向物业管理人员告知电梯井道保养任务；根据保养安排要求，填写领料单，从电梯备货处领取并检查相关物料（工具、材料和设备）；到达现场，与物业管理人员进行接洽沟通，准备保养；实施电梯井道例行保养，包括开展安全上下轿顶和进出底坑操作，开展导轨、对重、缓冲器、底坑相关设备的检查、清洁和润滑等保养操作，实施过程中进行自检，并填写自检记录；保养实施结束后，进行电梯试运行6次，确认电梯试运行正常；试运行正常后，清理 | 60 |

2	井道检查、清洁、润滑	现场，电梯维保作业人员填写电梯维保记录，并签名确认；将电梯维保记录提交物业管理人员，并签名确认；离开工作现场，归还工具、材料、设备，将电梯维保记录提交班组长签名确认，交付电梯维保公司进行存档，完成本次工作任务。 在作业过程中，电梯维保作业人员须严格遵守国家相关法律法规、行业规范、企业操作规程、电梯维护与保养手册等的要求，并按照安全操作规程和"6S"管理规定进行。	
3	轿厢与层站检查、清洁、润滑	某小区一台 TKJ 1000/1.75–JXW 有机房乘客电梯（近似电梯或类同教学电梯），按照该小区物业与电梯维保公司合同要求，需要对该电梯轿厢与层站开展例行保养。班组长向电梯维保作业人员布置本月的电梯保养安排表，电梯维保作业人员根据电梯保养安排表确定本次电梯轿厢与层站例行保养任务，按照电梯保养合同、国家行业相关规定和企业相关标准，需要在 3 小时内完成该电梯轿厢与层站例行保养，并填写相关电梯维保记录。 电梯维保作业人员从班组长处领取电梯保养安排表和电梯维保记录，明确保养任务；根据电梯维保记录，调取电梯保养资料（电梯维保手册）/电梯保养记录档案，明确电梯轿厢与层站保养安排；根据保养安排要求，向物业管理人员告知电梯轿厢与层站保养任务；根据保养安排要求，填写领料单，从电梯备货处领取并检查相关物料（工具、材料和设备）；到达现场，与物业管理人员进行接洽沟通，准备保养；实施电梯轿厢与层站例行保养，包括开展轿厢内部设备、轿门、层门、门机及层站设备的检查、清洁和润滑等操作，实施过程中进行自检，并填写自检记录；保养实施结束后，进行电梯试运行 6 次，确认电梯试运行正常；试运行正常后，清理现场，电梯维保作业人员填写电梯维保记录，并签名确认；将电梯维保记录提交物业管理人员，并签名确认；离开工作现场，归还工具、材料、设备，将电梯维保记录提交班组长签名确认，交付电梯维保公司进行存档，完成本次任务。 在作业过程中，电梯维保作业人员须严格遵守国家相关法律法规、行业规范、企业操作规程、电梯维护与保养手册等的要求，并按照安全操作规程和"6S"管理规定进行。	40

教学实施建议

1. 师资要求

任课教师需具备电梯例行保养的企业实践经验，具备电梯例行保养工学一体化课程教学设计与实施、教学资源选择与应用等能力。

2. 教学组织方式与方法建议

采用行动导向的教学方法。为确保教学安全，提高教学效果，建议采用分组教学的形式（4~6人/组），小组内进行岗位轮换，班级人数不超过30人。在完成工作任务的过程中，教师须加强示范与指导，注重学生职业素养和规范操作的培养。

3. 教学资源配备建议

（1）教学场地

"电梯例行保养"典型工作任务一体化学习工作站须具备良好的安全、照明和通风条件，可分为集中教学区、分组教学区、信息检索区、工具存放区和成果展示区，并配备相应的多媒体教学设备，面积以至少同时容纳30人开展教学活动为宜。

（2）工具、材料、设备

工具：通用工具，常用安全防护用品，常用仪器仪表，吹风机、吸尘器、黄油枪、油壶，转速表、温度仪、声级计、测力计、照度计，记号笔、刷子、抹布等。

材料：导轨润滑油、曳引机齿轮润滑油、除锈剂、黄油、砂纸等。

设备：曳引驱动电梯（或模拟教学电梯）、曳引机部件、缓冲器部件、导轨部件、对重部件、层门部件、轿门门机部件、限速器部件、安全钳部件、台钻、计算机等。

（3）教学资料

以工作页（电梯保养合同、电梯维保记录）为主，配置国家法律和条例、国家标准、特种设备安全技术规范、企业标准、安全操作规程、"6S"管理规定、参考书等。

4. 教学管理制度

执行工学一体化教学场所和教学组织的管理规定，如需要进行校外认识实习和岗位实习，应遵守生产性实训基地、企业实习等管理制度。

教学考核要求

采用过程性考核和终结性考核相结合的方式。

1. 过程性考核

采用自我评价、小组评价和教师评价相结合的方式进行考核，让学生学会客观地自我评价，教师依据学生的学习过程，并参照学生的自我评价和小组评价进行知识、技能、素养等方面的总评性评价，最后提出完善性的改进建议。

（1）课堂考核：考核出勤、学习态度、课堂纪律、回答问题、小组协作与展示等。

（2）作业考核：考核工作页的完成情况、相关工作报告的撰写、课后练习等。

（3）阶段考核：理论知识测试、实操项目测试等。

2. 终结性考核

学生根据任务情境中的要求，制订保养作业方案，并按照作业规范，在规定时间内完成电梯某一零部件的例行保养作业任务，维护后的电梯零部件性能要求达到企业和国家技术标准。

考核任务参考案例：曳引机例行保养

【情境描述】

某小区一台 TKJ 800/1.0-XH 有机房乘客电梯（近似电梯或类同教学电梯），按照该小区物业与电梯维保公司合同要求，现需要对该电梯的曳引机进行例行保养，班组长向我院学生布置本月的电梯保养安排表，要求按照电梯保养合同、国家行业相关规定和企业相关标准，在1小时内完成该曳引机的例行保养。

【任务要求】

根据任务的情境描述，在规定时间内完成电梯曳引机例行保养任务。

1. 根据任务的情境描述，在规定时间内，分步完成曳引机例行保养的方案编制和保养的实施。

2. 列出曳引机保养的主要项目和技术参数，制作电梯维保记录单。

3. 按照情境描述的情况，对曳引机实施例行保养，同时填写电梯维保记录单。

【参考资料】

完成上述任务时，可以使用所有常见教学资料，如国家法律和条例、国家标准、特种设备安全技术规范、企业标准和规范、安全操作规程、电梯保养合同、电梯维保记录、电梯保养安排表、"6S"管理规定、参考书等资料，个人笔记和网络资源等。

（三）电梯部件安装课程标准

工学一体化课程名称	电梯部件安装	基准学时	320

典型工作任务描述

电梯部件是指电梯主要电气设备如电源开关、继电器、接触器、主令电器、熔断器、电机、五方通话设备等电气元件及元器件的组合；电梯部件安装是电梯安装的重要环节，是电梯电气设备部件到达施工现场后，电梯安装作业人员根据电路原理，按照电气线路安装图纸进行现场电气线路敷设、电气部件线路连接的过程。

电梯安装作业人员从班组长处领取安装任务书，根据任务书的要求，查阅电梯电气安装电路图、安装图、企业作业规范、国家相关标准和法规的规定，勘查现场环境，制订电梯电气安装工作计划并提交班组长审核；根据电梯电气安装的工艺要求及图纸，以独立或小组合作方式准备工具、材料和设备，开展电梯控制柜元器件、拖动线路和信号控制线路安装；安装完毕后，进行部件的检测，检测合格后，回收工具、材料、资料和设备，填写和记录电梯部件安装工作任务单，交电梯施工单位负责人确认后，将任务单存档。

在作业过程中，电梯安装作业人员须严格遵守电梯公司制定的操作规程、企业内部检验规范，按照电梯电气安装电路图、安装要求、企业作业规范和产品安装手册要求进行安全施工，安装完成后按国家、企业验收标准等现行相关标准和技术规范进行验收。

工作内容分析

工作对象：	工具、材料、设备与资料：	工作要求：
1. 安装要求的明确；	1. 工具：通用工具，常用安全防护用品，常用仪器仪表，冲击钻、手电钻、手锯、转速表、声级计等；	1. 电梯安装作业人员从班组长处接受电梯电气安装的工作任务，明确安装要求；
2. 电梯部件安装工作计划的制订；	2. 材料：导线、线管、线槽、主令开关、熔断器、继电器、接触器等；	
3. 工具、材料、设备		

的准备； 4. 电梯电气部件安装的实施； 5. 电梯电气部件安装自检，工具、材料、资料和设备的回收，工作任务单的填写。	3. 设备：电梯控制柜、电梯电源箱（盘）、五方通话装置、网孔板等； 4. 资料：国家法律和条例、国家标准、特种设备安全技术规范、企业标准、安全操作规程、任务书（电梯电气安装要求）、电梯电气安装图纸、工作任务单、"6S"管理规定、参考书等。 **工作方法：** 1. 电梯安全的操作方法； 2. 工具的使用方法。 **劳动组织方式：** 1. 以小组合作形式实施； 2. 从班组长处领取任务，工作结束后上交电梯部件安装工作任务单； 3. 从企业备货处领取工具、材料和设备，工作结束后归还； 4. 与电梯施工单位及电梯安装人员沟通，进行现场勘查； 5. 与班组人员协作完成安装作业。	2. 查阅电梯电气安装电路图、企业标准、国家标准和法规，进行现场勘查，制订电梯部件安装工作计划； 3. 按照电梯电气安装工作方案准备工具、材料、设备； 4. 根据任务要求，安装电梯控制柜元器件、拖动线路及信号控制线路； 5. 对电梯进行自检，自检合格后，回收工具、材料、资料和设备，填写工作任务单，交施工单位确认后存档。

课程目标

学习完本课程后，学生应能胜任电梯部件安装工作，包括：

1. 能依据电梯的图纸，确认电梯电气的布局图、机房布置图、电气布线方法等相关内容，阅读电梯电气安装清单，明确电气安装任务的内容和工期要求。

2. 能依据电梯安装手册，明确控制柜安装的操作流程，与电梯安装班组长、管理人员进行沟通，完成现场勘查，绘制控制柜安装布置图、接线图。

3. 能依据控制柜安装布置图、接线图、操作流程及安全质量规范，阅读电气原理图和接线图，使用安装工具，按照工具使用规范，在规定时间内完成电梯控制柜元器件安装、电梯拖动线路安装等工作任务，并撰写工作报告，记录电梯电气安装过程中的工艺步骤。

4. 能依据电梯部件安装的工作要求，按照国家电梯行业的电气标准，使用测量工具对电梯部件安装工作任务进行质量检查，在电气安装工作任务书上填写检查报告，签字确认后交付班组长或管理人员检验。

5. 能依据计算机文档的制作要求及工作报告的书写要求，准备多媒体设备，撰写工作报告，进行工作汇报。

6. 能依据"6S"管理规定、电梯维修作业人员安全操作规定和电梯维修及安装手册，个人或小组完成工作现场的整理、设备和工具的维护与保养、工作日志的填写等工作，具备环保意识、规范意识和劳动精神。

学习内容

本课程的主要学习内容包括:

一、电梯部件安装工作任务的接受

实践知识:电梯工作环境与管理制度的认识,工作任务书的阅读,电梯部件安装工作任务的了解。

理论知识:常用低压元器件的定义、功能、类别。

二、电梯部件安装工作计划的制订

实践知识:电梯电气部件安装流程的认识和理解,机房和井道布置图、电气布置图、电气元件安装图的识读与绘制,电梯电气部件安装工作计划的填写。

理论知识:常用主令开关、熔断器、继电器、接触器、电机的基本知识,包括定义、功能、类别、结构与主要参数,电梯电气原理图及接线图的基本知识,电梯电气部件的安装流程和技术要求。

三、电梯部件安装的工作准备

实践知识:常用电工工具、常用钳工工具、常用仪器仪表、材料的选择和使用。

理论知识:常用电工工具、常用钳工工具、常用仪器仪表的基本知识及使用方法;控制柜(箱)、线管线槽、电缆软管的基本知识,包括定义、功能、类别、结构及主要参数。

四、电梯部件安装的实施

实践知识:电梯安装手册、电梯相关部件说明书的查阅,机房主机(曳引机)的电气检查、安装及接线,电梯控制柜电气部件的安装、布置,线管、线槽及导线的敷设,工作任务单的填写,工作报告的撰写及与客户、同事的沟通。

理论知识:电气线路安装的工作方法,电梯部件的绝缘检查、接地检查方法,电气故障的排除方法,电梯部件安装的工作方法。

五、电梯部件安装的自检

实践知识:电梯电气部件安装线路的自检,工作报告的撰写及与客户、其他工作人员的协作和沟通。

理论知识:国家、行业规范中对部件安装任务自检项目的技术要求。

六、通用能力、职业素养、思政素养

自主学习、自我管理、信息检索、理解与表达、交往与合作、创新思维、解决问题等通用能力,安全意识、质量意识、规范意识、效率意识、成本意识、环保意识、市场意识、服务意识等职业素养,以及劳模精神、劳动精神、工匠精神等思政素养。

参考性学习任务

序号	名称	学习任务描述	参考学时
1	电梯控制柜元器件安装	某楼盘工地正在进行电梯部件控制柜元器件(包括继电器、接触器、主令开关等)的电气安装工作,要求在2日内完成电气元器件的安装、接线及通电测试,并通过安全质量合格验收。 电梯安装作业人员从班组长处接受工作任务,明确工作时间和工作内容;根据任务需求,认真查阅控制柜相关电气图纸(如电气原理图和接线图),按照国家电梯行业电气安装的统一标准,编制控制	120

1	电梯控制柜元器件安装	柜元器件安装工作计划和操作流程，并上报班组长进行审核，确定工作方案；以独立或小组合作方式，按电气图纸的技术要求选择导线和元器件的规格型号、数量及质量，领取元器件及材料，完成对控制柜元器件安装前的常规检查（检查低压元器件的型号、规格、额定电压、额定电流、频率、各主辅触点接触是否良好），并按照电气图纸技术要求对低压电器元件进行安装与接线；记录控制柜元器件安装与接线过程的测试数据，交由班组长进行验收并存档。 在作业过程中，电梯安装作业人员须严格遵守国家、行业技术标准和技术规范等的要求（包括元器件的位置、间距、紧固、导线连接、敷设、标识和绝缘处理），并按照厂家指定的技术操作规程、安全操作规程和"6S"管理规定进行。	
2	电梯拖动线路安装	某餐厅需要进行杂物电梯（如餐梯）电气部件安装工作，要求在一周内按照电气图纸技术要求，完成拖动线路的安装与接线及通电测试工作，并通过安全质量合格验收。 电梯安装作业人员从班组长处接受工作任务，明确工作时间和工作内容；根据任务需求，认真查阅电梯拖动线路相关图纸（如电气原理图和接线图），按照国家电梯行业电气安装的统一标准，绘制拖动线路安装布置图、接线图，并上报班组长进行审核，确定工作方案；以独立或小组合作方式，绘制主线路、控制线路和元器件安装布置图，准备线路安装所需的工具、材料、设备等，按照图纸技术要求完成电梯拖动线路安装与接线；通电前做好线路数据的测试与检查工作（包括绝缘、接地检查以及电气线路相关参数测试等），确定拖动线路安装与接线是否正确，在班组长的监控下进行通电试车；记录拖动线路安装过程中的工艺步骤和检测数据，交由班组长进行验收并存档。 在作业过程中，电梯安装作业人员须严格遵守国家、行业技术标准和技术规范等的要求，并按照厂家指定的技术操作规程、安全操作规程和"6S"管理规定进行。	100
3	电梯信号控制线路安装	某楼盘工地正在进行电梯整机安装工作，现进行到电梯信号控制线路安装部分，管理人员提供安装图纸及技术要求，要求在2日内完成电梯信号控制线路安装及调试，并通过安全质量合格验收。 电梯安装作业人员从班组长处接受任务，确认工作时间和工作内容；根据任务需求，认真查阅电梯信号控制线路安装相关图纸和技术要求，按照国家电梯行业电气安装统一的标准和相关法规，绘制电梯信号控制线路布置图、接线图，并上交班组长进行审核，确定	100

3	电梯信号控制线路安装	工作方案；以独立或小组合作方式，准备工具、材料和设备，实施电梯信号控制线路安装，即电梯五方通话装置安装，包括管理中心（值班室）、电梯轿厢、电梯机房分机、电梯顶部、电梯井道底部五个部分信号控制线路的安装与接线，记录电梯信号控制线路安装过程的相关数据，完工后进行信号控制线路检测并撰写测试报告，交由班组长进行验收并存档。 　　在作业过程中，电梯安装作业人员须严格遵守国家、行业技术标准和技术规范等的要求，并按照厂家指定的技术操作规程、安全操作规程和"6S"管理规定进行。

教学实施建议

1. 师资要求

任课教师需具备电梯部件安装的企业实践经验，具备电梯部件安装工学一体化课程教学设计与实施、教学资源选择与应用等能力。

2. 教学组织方式与方法建议

采用行动导向的教学方法。为确保教学安全，提高教学效果，建议采用小组形式（2~4人/组）进行教学。在完成工作任务的过程中，教师需加强示范与指导，注重学生职业素养和规范操作的培养。

3. 教学资源配备建议

（1）教学场地

"电梯部件安装"典型工作任务一体化学习工作站须具备良好的安全、照明和通风条件，实训室可划分为集中教学区、分组教学区、信息检索区、工具存放区和成果展示区，并配备相应的多媒体教学设备，按照必需、够用、实用的原则，保证工学一体化课程标准的贯彻实施。

（2）工具、材料、设备

工具：通用工具，常用安全防护用品，常用仪器仪表，冲击钻、手电钻、手锯等，转速表、声级计等。

材料：导线、线管、线槽、主令开关、熔断器、继电器、接触器等。

设备：电梯控制柜、电梯电源箱（盘）、五方通话装置、网孔板等。

（3）教学资料

以工作页为主，配置国家法律和条例、国家标准、特种设备安全技术规范、企业标准、安全操作规程、实操指导书、参考书等。

4. 教学管理制度

执行工学一体化教学场所和教学组织的管理规定，如需要进行校外认识实习和岗位实习，应遵守生产性实训基地、企业实习等管理制度。

教学考核要求

采用过程性考核和终结性考核相结合的方式。

1. 过程性考核

采用自我评价、小组评价和教师评价相结合的方式进行考核，让学生学会客观地自我评价，教师依据学生的学习过程，并参照学生的自我评价和小组评价进行知识、技能、素养等方面的总评性评价，最后提出完善性的改进建议。

（1）课堂考核：考核出勤、学习态度、课堂纪律、回答问题、小组协作与展示等。

（2）作业考核：考核工作页的完成情况、相关工作报告的撰写、课后练习等。

（3）阶段考核：理论知识测试、实操项目测试等。

2. 终结性考核

学生根据任务情境中的要求，在规定时间内完成电梯控制柜元器件、拖动线路或信号控制线路的安装，经检测符合任务技术要求。

考核任务参考案例：电梯控制柜线路安装

【情境描述】

某楼盘工地正在进行电梯整机安装工作，现进行到电梯控制柜线路部分的安装，管理人员提供安装图纸及技术要求，要求在 2 日内完成线路安装及调试，并通过安全质量检验。

【任务要求】

根据任务的情境描述，在规定时间内完成电梯控制柜线路安装任务。

1. 能依据电梯的图纸，确认电梯电气的布局图、机房布置图、电气布线方法等相关内容，阅读电梯电气安装清单，明确电气安装任务的内容和工期要求。

2. 能依据电梯安装手册，明确控制柜安装的操作流程，与电梯安装班组长、管理人员进行沟通，完成现场勘查，绘制控制柜安装布置图、接线图。

3. 能依据控制柜安装布置图、接线图、操作流程及安全质量规范，阅读电梯电气安装相关电气图纸（如电气原理图和接线图），使用电气安装工具，在规定时间内完成电梯信号控制线路（或控制柜线路）安装任务，并撰写工作报告，记录电梯电气安装过程中的工艺步骤和检测数据。

4. 能依据电梯电气安装的工作要求，按照国家电梯行业的电气标准，使用测量工具对电梯电气安装工作任务进行质量检查，填写检查报告，签字确认后交付班组长或管理人员检验。

5. 能依据计算机文档的制作要求及工作报告的书写要求，准备多媒体设备，撰写工作报告，进行工作汇报。

6. 能依据"6S"管理规定、电梯安装作业人员安全操作规定和电梯维修及安装手册，个人或小组完成工作现场的整理、设备和工具的维护与保养、工作日志的填写等工作，具备环保意识、规范意识和劳动精神。

【参考资料】

完成上述任务时，可以使用所有常见教学资料，如国家法律和条例、国家标准、特种设备安全技术规范、企业标准和规范、安全操作规程、电梯安装技术手册、工作页、"6S"管理规定、参考书等资料，个人笔记和网络资源等。

（四）电梯一般故障检修课程标准

工学一体化课程名称	电梯一般故障检修	基准学时	160

典型工作任务描述

电梯一般故障是指电梯使用过程中多发、维修频率高的故障，即电梯电气回路中的某个部件、端子或线路出现损坏，导致电梯运行功能不正常，常见故障如停梯、呼梯失效、开关门异常、显示异常以及所关联电气部件、各接线端子、各线路等的故障。电梯一般故障检修是电梯部件、端子和线路出现故障后，电梯维修作业人员分析故障现象，查阅电梯电气图纸，运用观察法、电阻法、电压法等进行故障分析，判定故障，通过部件、端子和线路的复位、调整和更换，使电梯恢复正常运行的过程。

电梯维修作业人员从电梯使用单位或班组长（维保小组长）处获取检修任务书，根据任务书的要求，查阅电梯电气图纸、电梯说明资料及调试资料、电梯维保记录（保养记录单、检修工单）；进行现场勘查，与电梯使用单位进行初步沟通；明确故障现象，判断电梯故障原因，制订电梯检修计划；报交班组长审核后，确定电梯检修方案；依据电梯检修计划和检修操作的规程，准备检修工具、材料、设备，从电梯使用单位领取电梯机房钥匙和护栏，对故障电梯进行警戒设置；依据检修方案，根据分析结论，对电梯部件（如电气元器件、机械零部件）、端子和线路开展清洁、复位、拆卸、更换或调整，恢复电梯的正常功能；依据国家、企业规范和现场检修规范，开展电梯自检，确保电梯运行正常；填写电梯维保记录，交付电梯使用单位确认，并交付班组长审核后存档。

在作业过程中，电梯维修作业人员须严格遵循国家、行业的技术规范，安全操作规程，生产厂家制定的操作规程，企业内部的检验规范，安全生产制度及"6S"管理规定。

工作内容分析

工作对象：	工具、材料、设备与资料：	工作要求：
1. 电梯维修作业人员从电梯使用单位或班组长处领取检修工单，就电梯检修任务与电梯使用单位管理人员、班组长等进行沟通；	1. 工具：通用工具，常用安全防护用品，常用仪器仪表，手电钻，转速表、声级计等；	1. 与电梯使用单位管理人员、班组长进行有效沟通，明确工作任务；
2. 电梯电气图纸、检修手册等资料的查阅；	2. 材料：导线、线管、线槽、主令开关、熔断器、继电器、接触器、压线帽、线耳和维修零配件等；	2. 认识电梯结构，正确识读电气图纸，掌握电梯检修知识；
3. 工具、材料、设备的准备；	3. 设备：曳引驱动电梯（或模拟教学电梯）、计算机等；	3. 按规定准备工具、材料、设备；
4. 电梯检修计划的制订；	4. 资料：国家法律和条例、国家标准、特种设备安全技术规范、企业标准、安全操作规程、电梯电气图纸、检修手册、电梯维保记录、"6S"管理规定、参考书等。	4. 根据电梯班组长或电梯使用单位的描述，对电梯进行故障再现，完成电梯故障原因的分析，制订电梯检修计划；
5. 电梯故障的排除；	**工作方法：**	5. 根据电梯检修计划、作业流程及规范，运用电阻法、电压法排除故障，恢复电梯正
6. 电梯运行自检；	1. 资料查阅法；	
7. 电梯维保记录（保	2. 现场沟通法；	
	3. 工具的使用方法；	

养记录单、检修工单)的填写及与电梯使用单位的沟通确认;	4. 故障的检修方法。	常运行;
8. 电梯检修任务的完工质量、安全性和环保评估。	**劳动组织方式:**	6. 根据国家和企业标准要求、电梯运行性能要求,对检修作业质量进行自检;
	1. 以小组合作的方式进行;	7. 规范填写电梯维保记录,交付电梯使用单位电梯安全管理员签字确认后存档;
	2. 从电梯使用单位或班组长处领取故障检修任务书;	8. 在作业过程中严格执行国家法律法规、国家标准、企业标准、企业安全生产制度、环保管理制度以及"6S"管理规定。
	3. 从资料管理员处领取随机文件,查阅检修资料;	
	4. 从仓库管理员处领取工具、材料和设备;	
	5. 与客户、报修人员进行故障确认;	
	6. 检修计划制订与确定;	
	7. 与维保小组人员配合完成电梯一般故障检修工作;	
	8. 进行电梯复位自检;	
	9. 与主管沟通审核验收。	

课程目标

学习完本课程后,学生应能胜任电梯一般故障检修工作,包括:

1. 能依据电梯使用单位及班组长的检修任务单,与电梯使用单位进行专业沟通,确定工作任务。

2. 能依据班组长或电梯使用单位的描述,进行现场勘查,明确电梯的故障现象。

3. 能查阅电梯电气图纸,准备诊断工具,完成电梯故障原因的分析,制订电梯检修计划。

4. 能依据电梯检修计划的要求,完成工具、材料、设备、资料的准备,按照安全操作规程和检修规范,正确使用工具、材料、设备。

5. 能依据电梯检修计划的安排,按照作业流程及规范,在工作现场采用电阻法、电压法、短接法排除故障,恢复电梯正常运行。

6. 能依据国家标准、企业标准和电梯运行性能的要求,对检修后的电梯进行自检,确保电梯运行正常。

7. 能正确填写电梯维保记录,交付电梯使用单位电梯安全管理员签字确认后存档。

8. 能对电梯检修计划、作业流程及规范和电梯一般故障检修的技术要点进行工作总结与展示。

9. 能在作业过程中严格执行国家和企业标准、企业安全生产制度、环保管理制度以及"6S"管理规定,具备环保意识、规范意识和劳动精神。

学习内容

本课程的主要学习内容包括:

一、电梯一般故障检修工作任务的接受

实践知识:电梯电气控制线路的识别,电梯一般故障检修工作任务书的阅读,与客户沟通进行电梯故障的了解。

理论知识:电梯控制系统的基本知识,包括其定义、结构、功能及主要参数。

二、电梯一般故障检修工作计划的制订

实践知识：电梯相关说明书、电梯安装手册的查阅，工作日志、工作任务单的填写，机房和井道布置图、电气布置图、电气元件安装图的识读，一般故障检修工作计划的制订。

理论知识：电梯控制回路、电梯安全回路、电梯门回路、电梯指令登记及显示回路的知识，包括其定义、结构、功能、主要参数及工作原理，电梯电气原理图及接线图的基本知识，电梯一般故障检修的工作流程和技术要求。

三、电梯一般故障检修的工作准备

实践知识：电梯检修常用电工工具、常用钳工工具、常用仪器仪表的选择和使用，检修设备、材料的选择和使用，安全用电，电梯的安全操作及紧急救援。

理论知识：电气安装常用电工工具、常用测量工具的基本知识及使用方法，控制柜（箱）、线管线槽、电缆软管的基本知识，用电安全知识，电梯安全操作知识，电梯紧急救援知识。

四、电梯一般故障检修的实施

实践知识：电梯停梯故障、电梯显示故障、电梯指令登记故障、电梯开关门故障的观察、分析、判定及排除。

理论知识：电梯一般故障的判定方法，电阻法、电压法等故障判定方法，电梯部件绝缘检查、接地检查的方法。

五、电梯一般故障检修的自检

实践知识：电梯电气线路的自检，工作报告的撰写及与客户、其他工作人员的协作与沟通。

理论知识：国家、行业规范中故障检修任务自检项目的技术要求。

六、通用能力、职业素养、思政素养

自主学习、自我管理、信息检索、理解与表达、交往与合作、创新思维、解决问题等通用能力，安全意识、质量意识、规范意识、效率意识、成本意识、环保意识、市场意识、服务意识等职业素养，以及劳模精神、劳动精神、工匠精神等思政素养。

序号	名称	学习任务描述	参考学时
		参考性学习任务	
1	停梯故障检修	电梯维修作业人员接到某宾馆电梯故障的报修电话，一台电梯不能运行，需要检修，使电梯系统恢复正常使用。电梯维修作业人员接到任务后，需在1日内完成电梯不能运行故障检修，并通电测试，通过安全质量合格验收。 电梯维修作业人员接受工作任务后，与电梯使用单位沟通，明确任务要求；到达电梯使用单位现场，取得机房钥匙，进行现场勘查，与电梯使用单位进行初步沟通，明确故障现象；在电梯首层层站与轿厢内分别设置护栏，查阅相关说明书、调试资料、国家标准、企业标准和技术规范，制订电梯检修计划；报班组长审核后，确定电梯检修方案；与维保小组成员合作，准备工具、材料、设备；根据电梯检修方案，对停梯故障进行检修，包括电梯电器元件（如机房限	60

1	停梯故障检修	速器电气装置、相序保护、控制柜急停、轿顶安全窗、急停装置、安全钳、底坑急停、张紧轮断绳、缓冲器开关）、端子和线路的清洁、复位、检查、调整和更换，使电梯恢复正常运行；自检合格后，填写电梯维保记录，交付电梯使用单位确认，并交付班组长审核后存档。 在作业过程中，电梯维修作业人员须遵守国家、行业的技术规范和技术标准，并按照安全操作规程和"6S"管理规定进行。	
2	开关门异常故障检修	电梯维修作业人员接到某办公楼电梯出现故障的报修电话，一台电梯开关门异常，不能正常运行，需要检修，使电梯恢复正常使用。电梯维修作业人员接到任务后，需在1日内完成电梯开关门异常故障检修，并通电测试，通过安全质量合格验收。 电梯维修作业人员接受工作任务后，与电梯使用单位沟通，明确任务要求；到达电梯使用单位现场，取得机房钥匙，进行现场勘查，与电梯使用单位进行初步沟通，明确故障现象；在电梯首层层站与轿厢内分别设置护栏，查阅相关说明书、调试资料、国家标准、企业标准和技术规范，制订电梯检修计划；报班组长审核后，确定电梯检修方案；与维保小组成员合作，准备工具、材料、设备；根据电梯检修方案，对电梯开门、关门异常故障进行检修，包括门系统部件（如电气元器件、机械零部件）、端子和线路的清洁、检查、调整、润滑和更换等，使电梯门系统恢复正常使用，电梯运行正常；自检合格后，填写电梯维保记录，交付电梯使用单位确认，并交付班组长审核后存档。 在作业过程中，电梯维修作业人员须遵守国家、行业的技术规范和技术标准，并按照安全操作规程和"6S"管理规定进行。	40
3	呼梯失效故障检修	电梯维修作业人员接到某小区电梯故障的报修电话，一台电梯呼梯失效，需要尽快检修，使电梯恢复正常使用。电梯维修作业人员接到任务后，需在1日内完成电梯呼梯失效故障检修，并通电测试，通过安全质量合格验收。 电梯维修作业人员接受工作任务后，与电梯使用单位沟通，明确任务要求；到达电梯使用单位现场，取得机房钥匙，进行现场勘查，与电梯使用单位进行初步沟通，明确故障现象；在电梯首层层站与轿厢内分别设置护栏，查阅相关说明书、调试资料、国家标准、企业标准和技术规范，制订电梯检修计划；报班组长审核后，确定电梯检修方案；与维保小组成员合作，准备工具、材料、设备；根据电梯检修方案，对呼梯系统部件（如电气元器件、机械零部件）、	40

3	呼梯失效故障检修	端子和线路进行清洁、检查、调整、润滑和更换等，使呼梯系统恢复正常使用，电梯运行正常；自检合格后，填写电梯维保记录，交付电梯使用单位确认，并交付班组长审核后存档。 在作业过程中，电梯维修作业人员须遵守国家、行业的技术规范和技术标准，并按照安全操作规程和"6S"管理规定进行。	
4	显示故障检修	电梯维修作业人员接到某电信大楼电梯故障的报修电话，一台电梯外显示不亮，需要检修，使电梯恢复正常使用。电梯维修作业人员接到任务后，需在1日内完成电梯显示故障检修，并通电测试，通过安全质量合格验收。 电梯维修作业人员接受工作任务后，与电梯使用单位沟通，明确任务要求；到达电梯使用单位现场，取得机房钥匙，进行现场勘查，与电梯使用单位进行初步沟通，明确故障现象；在电梯首层层站与轿厢内分别设置护栏，查阅相关说明书、调试资料、国家标准、企业标准和技术规范，制订电梯检修计划；报班组长审核后，确定电梯检修方案；与维保小组成员合作，准备工具、材料、设备；根据电梯检修方案，对显示故障进行检修，包括显示系统部件（如显示回路电源、层站显示器）、端子和线路的清洁、检查、调整、润滑和更换等，使电梯显示系统恢复正常使用，电梯运行正常；自检合格后，填写电梯维保记录，交付电梯使用单位确认，并交付班组长审核后存档。 在作业过程中，电梯维修作业人员须遵守国家、行业的技术规范和技术标准，并按照安全操作规程和"6S"管理规定进行。	20

教学实施建议

1. 师资要求

任课教师需具备电梯一般故障检修的企业实践经验，具备电梯一般故障检修工学一体化课程教学设计与实施、教学资源选择与应用等能力。

2. 教学组织方式与方法建议

采用行动导向的教学方法。为确保教学安全，提高教学效果，建议采用分组教学的形式（4~6人/组），班级人数不超过30人。在完成工作任务的过程中，教师须加强示范与指导，注重学生职业素养和规范操作的培养。

3. 教学资源配备建议

（1）教学场地

"电梯一般故障检修"典型工作任务一体化学习工作站须具备良好的安全、照明和通风条件，可分为集中教学区、分组教学区、信息检索区、工具存放区和成果展示区，并配备相应的多媒体教学设备、钳工工作设备等，面积以至少同时容纳30人开展教学活动为宜。

（2）工具、材料、设备

工具：通用工具，常用安全防护用品，常用仪器仪表，手电钻，转速表、声级计等。

材料：导线、线管、线槽、主令开关、熔断器、继电器、接触器、压线帽、线耳和维修零配件等。

设备：曳引驱动电梯（或模拟教学电梯）、计算机等。

（3）教学资料

以工作页（电梯保养合同、电梯维保记录）为主，配置国家法律和条例、国家标准、特种设备安全技术规范、企业标准、安全操作规程、"6S"管理规定、参考书等。

4. 教学管理制度

执行工学一体化教学场所和教学组织的管理规定，如需要进行校外认识实习和岗位实习，应遵守生产性实训基地、企业实习等管理制度。

教学考核要求

采用过程性考核和终结性考核相结合的方式。

1. 过程性考核

采用自我评价、小组评价和教师评价相结合的方式进行考核，让学生学会客观地自我评价，教师依据学生的学习过程，并参照学生的自我评价和小组评价进行知识、技能、素养等方面的总评性评价，最后提出完善性的改进建议。

（1）课堂考核：考核出勤、学习态度、课堂纪律、回答问题、小组协作与展示等。

（2）作业考核：考核工作页的完成情况、相关工作报告的撰写、课后练习等。

（3）阶段考核：理论知识测试、实操项目测试等。

2. 终结性考核

学生根据任务情境中的要求，在规定时间内完成电梯某一故障的检修作业任务，检修后的电梯性能达到国家和企业标准要求。

考核任务参考案例：电梯一般故障检修

【情境描述】

电梯维保单位接到电梯使用单位电梯故障的报修电话，一台电梯出现故障（如电梯停梯、开关门、呼叫失效或显示失效故障），要求尽快派电梯维修作业人员进行检修，使其恢复正常运行。

【任务要求】

根据任务的情境描述，在规定时间内完成电梯一般故障检修任务。

1. 能依据电梯使用单位的检修工单，与电梯使用单位进行沟通，明确工作任务。

2. 能依据班组长或电梯使用单位的描述，进行现场勘查，明确电梯的故障现象。

3. 能查阅电梯电气图纸，准备诊断工具，完成电梯故障原因的分析，制订电梯检修计划。

4. 能依据电梯检修计划的要求，完成工具、设备、材料、资料的准备。

5. 能按照安全操作规程、检修规范和相关说明书，正确使用工具、材料、设备。

6. 能依据电梯检修计划的安排，按照作业流程及规范，在工作现场采用电阻法、电压法、短接法排除故障，使电梯恢复正常运行。

7. 能依据国家标准、企业标准和电梯运行性能的要求，对检修后的电梯进行自检。

8. 能正确填写电梯维保记录，交付电梯使用单位电梯安全管理员签字确认后存档。

9. 能在作业过程中严格执行国家和企业标准、企业安全生产制度、环保管理制度以及"6S"管理规定。

【参考资料】

完成上述任务时，可以使用所有常见教学资料，如国家法律和条例、国家标准、特种设备安全技术规范、企业标准和规范、安全操作规程、保养合同、电梯检修记录表、工作页、"6S"管理规定、参考书等资料，个人笔记和网络资源等。

（五）自动扶梯一般故障检修课程标准

工学一体化课程名称	自动扶梯一般故障检修	基准学时	160

典型工作任务描述

自动扶梯一般故障是指自动扶梯使用过程中多发、维修频率高的故障，即电梯线路中的某个部件、端子或线路出现损坏，导致自动扶梯运行功能不正常，常见故障如梯级、扶手带等部件和安全与控制回路所关联电气部件、各接线端子、各线路等的故障。自动扶梯一般故障检修是自动扶梯出现故障后，电梯维修作业人员对自动扶梯进行检查、故障分析、故障判定，开展部件复位、调整和更换，使自动扶梯恢复正常运行的过程。自动扶梯一般故障检修包括自动扶梯不运行故障检修、扶手带抖动故障检修、梯级下陷故障检修等。

电梯维修作业人员从电梯使用单位获取故障检修任务书，根据任务书的要求，查阅自动扶梯安装、使用及维护说明书，电梯维保记录，技术规范，国家标准等；进行现场勘查，与电梯使用单位相关人员进行初步沟通，明确故障现象，进行故障分析，制订自动扶梯检修计划，经班组长审核后，依据自动扶梯检修操作的规程，设置护栏，对自动扶梯进行警戒设置；依据任务书故障描述，准备检修工具，对自动扶梯相应电气元器件和机械零部件进行检查、清洁、复位、拆卸、更换或调整，恢复自动扶梯正常运行；检修完毕后，依据企业规范和现场检修规范进行自检，自动扶梯复位，清理现场后，填写电梯维保记录，并交付客户确认后存档。

在作业过程中，电梯维修作业人员须严格遵循国家、行业的技术规范，安全操作规程，生产厂家制定的操作规程，企业内部的检验规范，安全生产制度及"6S"管理规定。

工作内容分析

工作对象：	工具、材料、设备与资料：	工作要求：
1. 电梯维修作业人员从电梯使用单位获取故障检修任务书，并阅读故障检修任务书；	1. 工具：通用工具，常用安全防护用品，常用仪器仪表、油壶、梯级叉、手电钻、手锯、工地电源箱，照度计等；	1. 根据故障检修任务书明确故障检修任务的内容及要求；
2. 自动扶梯安装、使用及维护说明书等技术资料的查阅；	2. 材料：润滑/防锈剂、砂纸、绝缘胶布、线标、套管等；	2. 读懂自动扶梯安装、使用及维护说明书，明确工作流程；
	3. 设备：自动扶梯、计算机等；	3. 与电梯使用单位人员、班组长等相关人员进行专业沟通；
	4. 资料：国家法律和条例、国家标准、特	

3. 与电梯使用单位人员、班组长等的沟通； 4. 通过现场勘查进行故障的确定； 5. 检修计划的制订； 6. 工具、材料、设备的准备； 7. 自动扶梯一般故障检修任务的实施； 8. 自动扶梯检修后的自检； 9. 检修报告的填写及提交； 10. 自动扶梯检修工作的安全性、经济性、环保性、规范性评估。	种设备安全技术规范、企业标准、自动扶梯安装安全操作规程、自动扶梯随机资料、自动扶梯图纸、自动扶梯检修任务书、自动扶梯检修日志、检修质量检查表、电梯维保记录、"6S"管理规定、参考书等。 **工作方法：** 1. 安全操作方法； 2. 工具的使用方法； 3. 分区分段法、替换法、故障树分析法等。 **劳动组织方式：** 1. 以个人或小组形式进行； 2. 从电梯使用单位人员或班组长处领取故障检修任务书； 3. 从资料管理员处领取随机文件，查阅检修资料； 4. 从仓库管理员处领取工具、材料和相关设备； 5. 必要时与客户、报修人员进行故障确认，确定检修计划； 6. 与检修小组人员配合完成自动扶梯一般故障检修工作； 7. 进行自动扶梯复位自检。	4. 勘查工作现场，确定故障现象，进行故障分析； 5. 分析检修安全规范、人员配置、时间进度、检修质量，制订检修计划； 6. 按照检修计划，开展工具、材料、设备的准备，并能正确、规范使用； 7. 按照自动扶梯安装与检修规范，开展扶梯检修作业； 8. 检修完成后，进行自动扶梯复位运行自检； 9. 根据任务要求填写、提交检修报告； 10. 检修作业过程应严格执行各项安全生产制度、环保管理制度及"6S"管理规定。

课程目标

学习完本课程后，学生应能胜任自动扶梯一般故障检修工作，包括：

1. 能依据电梯使用单位管理人员及班组长的检修任务单，与电梯使用单位相关人员进行专业沟通，明确工作任务。

2. 能依据班组长或电梯使用单位相关人员的描述，进行现场勘查，明确电梯的故障现象。

3. 查阅电梯电气图纸，准备诊断工具，完成电梯故障原因的分析，制订检修计划。

4. 能依据检修计划，完成工具、材料、设备、资料的准备。

5. 能依据检修计划，按照作业流程及规范，在工作现场对扶手带、安全回路、控制回路、梯级装置等进行检查、清洁、复位、拆卸、更换或调整，将故障排除，恢复电梯正常运行。

6. 能依据国家标准、企业标准和电梯运行性能的要求，对检修作业后的自动扶梯进行自检，确保自动扶梯运行正常。

7. 能在检修任务单上填写自检结果，交付电梯使用单位相关人员确认，班组长审核后存档。

8. 能根据检修计划、作业流程及规范，展示自动扶梯一般故障检修的技术要点，进行工作总结。

9. 能在作业过程中严格执行国家和企业标准、企业安全生产制度、环保管理制度以及"6S"管理规定。

学习内容

本课程的主要学习内容包括：

一、自动扶梯一般故障检修工作任务的接受

实践知识：自动扶梯控制线路、基本结构的识别，工作任务书的阅读，与客户沟通进行自动扶梯一般故障的了解。

理论知识：自动扶梯整机的定义、分类、控制方式、基本结构、主要性能参数和功能特性。

二、自动扶梯一般故障检修工作计划的制订

实践知识：自动扶梯结构图、自动扶梯电气原理图的识读，机房和井道布置图、电气布置图、电气元件安装图的识读，自动扶梯一般故障检修工作流程和技术要求的阅读和理解，自动扶梯一般故障检修工作计划的制订。

理论知识：自动扶梯梯级和扶手带的定义、分类、结构、功能及主要参数，自动扶梯安全回路、控制回路的定义、功能、基本结构及工作原理，自动扶梯电气原理图及接线图的基本知识，自动扶梯一般故障检修的工作流程和技术要求。

三、自动扶梯一般故障检修的工作准备

实践知识：检修设备、材料的选择和使用，安全用电，自动扶梯的安全操作及紧急救援。

理论知识：用电安全知识，自动扶梯的安全操作知识，自动扶梯紧急救援知识。

四、自动扶梯一般故障检修的实施

实践知识：自动扶梯相关说明书、电梯安装手册的查阅，工作日志、工作任务单的填写，常用电工工具的使用，自动扶梯部件及电气线路图的绘制，电梯控制柜电气部件的布置和安装，线管、线槽及导线的敷设，自动扶梯梯级装置、扶手带装置、安全回路、控制回路的检查、分析、判定及故障排除。

理论知识：自动扶梯一般故障的判定方法，分区分段法、替换法，故障检修的故障树分析法，电梯部件的绝缘检查、接地检查方法。

五、自动扶梯一般故障检修的自检

实践知识：自动扶梯的自检，工作报告的撰写及与客户、其他工作人员的协作和沟通。

理论知识：国家、行业规范中自动扶梯自检的方法和技术要求。

六、通用能力、职业素养、思政素养

自主学习、自我管理、信息检索、理解与表达、交往与合作、创新思维、解决问题等通用能力，安全意识、质量意识、规范意识、效率意识、成本意识、环保意识、市场意识、服务意识等职业素养，以及劳模精神、劳动精神、工匠精神等思政素养。

参考性学习任务

序号	名称	学习任务描述	参考学时
1	自动扶梯不运行故障检修	电梯维修作业人员接到电梯使用单位的报修电话，商场内二层上三层的自动扶梯出现通电不运行的现象，希望维保公司派人到现场处理。班组长接到任务后，要求维修作业人员2小时内到现场进行故障检修，4小时内完成检修任务并交付商场电梯安全管理员验收。	60

1	自动扶梯不运行故障检修	电梯维修作业人员依据电梯使用单位的故障报修电话，与电梯使用单位相关人员沟通后，明确任务要求；到达电梯使用单位现场，取得自动扶梯钥匙，进行现场勘查，与电梯使用单位相关人员进行初步沟通，明确故障现象；查阅自动扶梯安装、使用及维护说明书，电梯维保记录，国家标准，自动扶梯电气原理图册等，确定作业流程与技术规范；在自动扶梯故障现场设置护栏，进行现场勘查和扶梯部件检查，判定故障原因，制订自动扶梯不运行故障检修的工作计划；经班组长审核后，与维修小组成员合作，准备工具、材料、设备；根据工作计划和自动扶梯电气图纸，对自动扶梯安全回路、控制回路的部件、端子和线路进行清洁、复位、拆卸、更换或调整，使自动扶梯恢复正常运行；自检合格后，填写电梯维保记录，一式两份，交电梯使用单位相关人员确认，班组长审核后存档。 在作业过程中，电梯维修作业人员须严格遵守国家相关法律法规、行业规范、企业操作规程、电梯维护与保养手册等的要求，并按照安全操作规程和"6S"管理规定进行。	
2	扶手带抖动故障检修	电梯维修作业人员接到电梯使用单位的报修电话，商场内二层上三层的自动扶梯出现扶手带抖动的现象，希望维保公司派人到现场处理。班组长接到任务后，要求维修作业人员2小时内到现场进行故障检修，4小时内完成检修任务并交付商场电梯安全管理员验收。 电梯维修作业人员依据电梯使用单位的故障报修电话，与电梯使用单位相关人员沟通后，明确任务要求；到达电梯使用单位现场，取得自动扶梯钥匙，进行现场勘查，与电梯使用单位相关人员进行初步沟通，明确故障现象；查阅自动扶梯安装、使用及维护说明书，电梯维保记录，国家标准等，确定作业流程与技术规范；在自动扶梯故障现场设置护栏，进行现场勘查和自动扶梯部件检查，判定故障原因，制订扶手带抖动故障检修的工作计划；经班组长审核后，与维修小组成员合作，准备工具、材料、设备；根据工作计划对自动扶梯扶手带装置进行清洁、复位、拆卸、更换或调整，使自动扶梯恢复正常运行；自检合格后，填写电梯维保记录，一式两份，交电梯使用单位相关人员确认，班组长审核后存档。 在作业过程中，电梯维修作业人员须严格遵守国家相关法律法规、行业规范、企业操作规程、电梯维护与保养手册等的要求，并按照安全操作规程和"6S"管理规定进行。	40
3	梯级下陷故障检修	电梯维修作业人员接到电梯使用单位的报修电话，商场内二层上三层的扶梯出现梯级下陷的现象，希望维保公司派人到现场处理。	60

| 3 | 梯级下陷故障检修 | 班组长接到任务后，要求维修作业人员2小时内到现场进行故障检修，4小时内完成检修任务并交付商场电梯安全管理员验收。

　电梯维修作业人员依据电梯使用单位的故障报修电话，与电梯使用单位相关人员沟通后，明确任务要求；到达电梯使用单位现场，取得自动扶梯钥匙，进行现场勘查，与电梯使用单位相关人员进行初步沟通，明确故障现象；查阅扶梯安装、使用及维护说明书，电梯维保记录，国家标准等，确定作业流程与技术规范；在自动扶梯故障现场设置护栏，进行现场勘查和自动扶梯部件检查，判定故障原因，制订梯级下陷故障检修的工作计划；经班组长审核后，与维修小组成员合作，准备工具、材料、设备；根据工作计划对自动扶梯梯级装置进行清洁、复位、拆卸、更换或调整，使自动扶梯恢复正常运行；自检合格后，填写电梯维保记录，一式两份，交电梯使用单位相关人员确认，班组长审核后存档。

　在作业过程中，电梯维修作业人员须严格遵守国家相关法律法规、行业规范、企业操作规程、电梯维护与保养手册等的要求，并按照安全操作规程和"6S"管理规定进行。 | |

教学实施建议

1. 师资要求

任课教师需具备自动扶梯一般故障检修的企业实践经验，具备自动扶梯一般故障检修工学一体化课程教学设计与实施、教学资源选择与应用等能力。

2. 教学组织方式与方法建议

采用行动导向的教学方法。为确保教学安全，提高教学效果，建议采用分组教学的形式（3~4人/组）。在完成工作任务的过程中，教师须给予适当示范与指导，注重培养学生独立分析、解决问题的能力，注重学生职业素养和规范操作的培养。

3. 教学资源配备建议

（1）教学场地

"自动扶梯一般故障检修"典型工作任务一体化学习工作站须具备良好的安全、照明和通风条件，可分为集中教学区、分组教学区、信息检索区、工具存放区和成果展示区，并配备相应的多媒体教学设备、钳工工作设备等。教室需配备适宜教学活动的自动扶梯（或模拟教学自动扶梯），包含桁架结构、驱动装置、梯级装置、扶手装置、安全装置等。

（2）工具、材料、设备

工具：通用工具，常用安全防护用品，常用仪器仪表，油壶、梯级叉、手电钻、手锯、工地电源箱，照度计等。

材料：润滑/防锈剂、砂纸、绝缘胶布、线标、套管等。

设备：自动扶梯（或模拟教学自动扶梯）、计算机等。

（3）教学资料

以工作页为主，配置国家法律和条例、国家标准、特种设备安全技术规范、企业标准、安全操作规程、"6S"管理规定、参考书等。

4. 教学管理制度

执行工学一体化教学场所和教学组织的管理规定，如需要进行校外认识实习和岗位实习，应遵守生产性实训基地、企业实习等管理制度。

教学考核要求

采用过程性考核和终结性考核相结合的方式。

1. 过程性考核

采用自我评价、小组评价和教师评价相结合的方式进行考核，让学生学会客观地自我评价，教师依据学生的学习过程，并参照学生的自我评价和小组评价进行知识、技能、素养等方面的总评性评价，最后提出完善性的改进建议。

（1）课堂考核：考核出勤、学习态度、课堂纪律、回答问题、小组协作与展示等。

（2）作业考核：考核工作页的完成情况、相关工作报告的撰写、课后练习等。

（3）阶段考核：理论知识测试、实操项目测试等。

2. 终结性考核

学生根据任务情境中的要求，在规定时间内完成自动扶梯某一故障的检修作业任务，经检测符合任务技术要求。

考核任务参考案例：自动扶梯一般故障（如自动扶梯不运行故障、梯级下陷或扶手带抖动故障）检修

【情境描述】

电梯维保公司客服人员接到某商场（电梯使用单位）电梯安全管理员的报修电话，商场内二层上三层的自动扶梯出现故障，希望维保公司派人到现场处理。电梯维保公司维保经理从客服处接到任务，要求电梯维修作业人员2小时内到现场进行故障检修，4小时完成检修任务，并交付商场电梯安全管理员验收。

【任务要求】

根据任务的情境描述，在规定时间内完成自动扶梯一般故障检修任务。

1. 能依据电梯使用单位的检修任务单，明确工作任务。

2. 能通过现场勘查，获取电梯的故障现象。

3. 能通过查阅国家标准，技术规范，自动扶梯安装、使用及维护说明书，电梯维保记录，自动扶梯电气图纸等，准备诊断工具，完成电梯故障原因的分析，制订检修计划。

4. 能依据检修计划完成工具、材料、设备、资料的准备，在工作现场对扶手带、安全回路、控制回路、梯级装置等进行检查、清洁、复位、拆卸、更换或调整，将故障排除，恢复电梯正常运行。

5. 能根据国家标准、企业标准和电梯运行性能的要求，对检修作业质量进行自检，并在检修任务单上填写自检结果，交付电梯使用单位相关人员确认，班组长审核后存档。

6. 能在作业过程中严格执行国家和企业标准、企业安全生产制度、环保管理制度以及"6S"管理规定。

【参考资料】

完成上述任务时，可以使用所有常见教学资料，如国家法律和条例、国家标准、特种设备安全技术规范、企业标准和规范、安全操作规程、电梯安装技术手册、工作页、"6S"管理规定、参考书等资料，个人笔记和网络资源等。

（六）电梯专项保养课程标准

工学一体化课程名称	电梯专项保养	基准学时	320

典型工作任务描述

电梯专项保养是指对电梯专项部件进行日常维护与保养作业，电梯专项部件是指限速器、安全钳、制动器、门系统、轿厢与对重、导靴、缓冲器和钢丝绳绳头等电梯部件。电梯专项保养是通过对电梯专项部件进行清洁、润滑、检查、调整或更换等维护与保养作业，使电梯专项部件的功能正常，从而保证电梯正常、安全运行的工作过程。

电梯维保作业人员从班组长（维保组长）处接受专项部件维保任务，阅读电梯维保记录（电梯维护与保养工作单），明确工作任务与作业要求；查阅相应梯型的维保手册，明确相应维护作业流程及规范；通过与电梯使用单位电梯管理人员进行沟通和对近期电梯维保记录进行查阅，了解电梯的使用状态；结合国家电梯标准规范、电梯保养工艺要求和电梯保养合同规定，制订电梯专项保养计划；按照电梯维护与保养工艺要求，以小组合作方式准备工具、设备和材料；到达工作现场与电梯使用单位相关人员进行沟通，按作业流程及规范对电梯专项部件实施维护与保养作业；保养完成后进行自检；自检合格后，清洁、整理工具、设备、材料，复位电梯，填写电梯维护与保养工作单并交电梯使用单位相关人员确认，经班组长复核确认后存档。

在作业过程中，电梯维保作业人员须严格遵守电梯维保公司制订的电梯维保安全操作规程及"6S"管理规定，按照电梯生产厂家维保工艺手册规定对电梯专项部件实施保养作业，电梯保养质量应符合电梯保养合同，国家、行业的技术规范和技术标准的规定。

工作内容分析

工作对象：	工具、材料、设备与资料：	工作要求：
1. 电梯维保作业人员从班组长处接受电梯专项维保任务；	1. 工具：通用工具，常用安全防护用品，常用仪器仪表，百分表，油壶、卡簧钳、DU衬套工具、力矩扳手、黄油枪、手电钻、切割机、电炉（或煤气喷枪和煤气瓶），记号笔、抹布等；	1. 根据电梯维保工作单和电梯维保合同，明确工作任务和工作要求；
2. 电梯维护与保养工作单和电梯保养合同的阅读；	2. 材料：巴氏合金、$\phi 0.8\,mm$镀锌铁丝、润滑油、润滑脂、除锈剂、砂纸、电工胶布等；	2. 与电梯使用单位人员及维修作业小组人员、电梯技术资料管理人员等进行专业沟通；
3. 电梯维保工艺手册、电梯维保安全操作规程、电梯维保记录和	3. 设备：曳引驱动电梯、制动器部件、缓	3. 根据电梯维保工艺手册、电梯维保安全操作规程和相关国家电梯维修技术标准、规范，明

相关国家电梯维修技术标准、规范的阅读; 4. 与电梯使用单位相关人员及维修作业小组人员的沟通,电梯专项保养计划的制订; 5. 工具、设备、材料及专项保养前的安全措施的准备; 6. 电梯专项部件清洁、润滑、检查、调整或更换作业; 7. 电梯专项部件维保工作质量自检; 8. 电梯维保工作单的填写、签名和存档。	冲器部件、导靴部件、钢丝绳部件、层门部件、轿门门机部件、限速器部件、安全钳部件、计算机等; 4. 资料:国家法律和条例,国家标准,特种设备安全技术规范,企业标准,安全操作规程,电梯保养合同,电梯安装、使用及维护说明书,电梯维保工艺手册,电梯维保记录,"6S"管理规定,参考书等。 **工作方法:** 1. 电梯专用工具的使用方法; 2. 电梯专项部件的维保方法。 **劳动组织方式:** 1. 以小组合作形式实施; 2. 从班组长处领取电梯维保任务; 3. 从技术资料管理部门领取和查阅维修资料、电梯维保工艺手册、电梯维保记录; 4. 从工具管理部门领取电梯专项保养工具、材料和设备,工作结束后归还; 5. 与电梯使用单位相关人员进行沟通,了解工作现场,制订专项保养工作计划; 6. 与小组成员配合进行专项保养作业,并进行自检,自检合格后,交电梯使用单位相关人员确认,报班组长复核后存档。	确电梯专项部件保养的工作流程、工作规范、安全操作规程及维保质量的规定; 4. 根据电梯使用单位人员反馈的电梯使用信息和电梯维保记录,按照维保安全操作规程和电梯维修作业技术规范制订电梯专项保养计划; 5. 按照电梯专项保养计划要求进行工具、设备、材料及专项保养前的安全措施准备; 6. 根据电梯维修工艺要求进行电梯专项部件的清洁、润滑、检查、调整或更换; 7. 根据相关国家电梯标准、规范和电梯维保工艺要求进行电梯专项保养工作质量自检; 8. 规范填写电梯维保工作单并签名存档。

课程目标

学习完本课程后,学生应能胜任常见电梯专项保养工作,包括:

1. 能依据电梯维保工作单,查阅近期电梯维保记录并记录相关信息,明确维保作业的工作任务和工作要求。

2. 能依据电梯维保合同、电梯维保工艺手册、电梯维保安全操作规程和相关国家电梯标准,明确电梯部件的保养方法、要求和安全操作规定。

3. 能与班组长和电梯使用单位相关人员等进行专业沟通,根据工期要求、安全措施要求、国家电梯标准、维保作业流程及人员选配要求,制订电梯专项保养计划。

4. 能依据电梯专项保养计划,进行作业前的准备工作,包括工具、材料、设备的准备。

5. 能依据电梯专项保养计划及工作规范,正确使用工具和设备,在规定时间内完成限速器 – 安全钳、制动装置、缓冲器、导靴、门系统的检查与调整,以及钢丝绳绳头制作等任务,并填写维保记录。

6. 能依据电梯运行性能和安全功能的要求,按电梯维保工艺和相关国家电梯标准对保养质量进行自检,保养后清洁并整理工具、材料、设备，将电梯试运行复位，填写电梯维保工作单并交电梯使用单位相关人员确认，在班组长确认后存档。

7. 能依据电梯专项保养作业的工作过程，进行工作总结。

8. 能在作业过程中严格执行国家标准、企业标准、企业安全生产制度、环保管理制度以及"6S"管理规定。

9. 能与班组长、电梯使用单位、组员等相关人员进行有效的沟通，在作业过程中提出合理建议。

10. 能在工作中独立分析与解决复杂性、关键性和创新性问题，具备总结反思、持续改进、团结协作等能力，以及劳动精神等思政素养。

学习内容

本课程的主要学习内容包括：

一、电梯专项保养工作任务的接受

实践知识：电梯工作环境的认识，电梯专项保养工作任务单的阅读，电梯专项保养工作任务的了解。

理论知识：限速器、安全钳、制动器、门系统、轿厢、对重、导靴、缓冲器和钢丝绳绳头的定义、功能、结构、分类、主要参数及其工作原理。

二、电梯专项保养工作计划的制订

实践知识：电梯专项保养工作计划表、工作内容的填写，与客户的沟通。

理论知识：电梯专项保养的工作流程和技术要求。

三、电梯专项保养的工作准备

实践知识：电梯专项保养材料、专用工具的选择和使用。

理论知识：电梯专项保养材料、专用工具（切割机、手电钻、DU衬套工具、煤气喷枪等）的安全要求及使用知识。

四、电梯专项保养的实施

实践知识：电梯维保工作单、电梯维保工艺手册、电梯维保安全操作规程、相关国家电梯标准的查阅，门系统装置、导靴、缓冲器、制动器、限速器、安全钳的检查与调整，锥形套筒绳头组合的制作。

理论知识：导靴衬与导轨工作面间隙参数的检测、调整方法，缓冲器与轿厢底距离的检测方法，缓冲器垂直度和缓冲器复位时间的检测方法，制动器的拆解方法，制动器铁芯的润滑方法和制动器的安装方法，限速器动作速度的检测方法，安全钳与导轨间隙的检测方法，层门、轿门门锁啮合三个功能参数的检测方法，门扇垂直度的检测方法，门传动动作灵活度的检测方法，锥形套筒绳头组合的制作方法。

五、电梯专项保养的自检

实践知识：电梯相关国家标准、检规和企业标准的查阅，国家、行业规范中电梯专项保养质量的自检，电梯维保工作单的填写及与电梯管理人员的确认。

理论知识：门系统装置、导靴、缓冲器、制动器、限速器、安全钳的检查与调整方法，锥形套筒绳头组合的检测方法。

六、通用能力、职业素养、思政素养

自主学习、自我管理、信息检索、理解与表达、交往与合作、创新思维、解决问题等通用能力，安全意识、质量意识、规范意识、效率意识、成本意识、环保意识、市场意识、服务意识等职业素养，以及劳模精神、劳动精神、工匠精神等思政素养。

参考性学习任务

序号	名称	学习任务描述	参考学时
1	导靴的检查与调整	根据电梯维保计划，某电梯公司需要对某小区一台3层3站TKJ 800/0.63-JXW电梯（或类似教学电梯）的导靴进行季度维保作业。班组长（维保组长）布置该电梯导靴的季度维保作业任务，要求在2小时内完成电梯导靴的维保作业，确保导靴机械装置和其他部件的功能正常，并填写相关电梯维保工作单。 　　电梯维保作业人员从班组长处接受工作任务，明确工作时间和工作内容；根据任务需求，查阅电梯维保工艺手册、相关国家电梯标准，明确操作规范；与电梯使用单位相关人员进行专业沟通；查阅电梯维保记录，制订导靴专项保养工作计划，并交班组长审核；准备工具、材料、设备，以小组合作方式完成导靴专项保养作业；保养作业完成并自检合格后，整理工作现场，填写专项保养作业记录表，并交付电梯使用单位相关人员确认，经班组长审核后存档。 　　在作业过程中，电梯维保作业人员须遵守国家、行业的技术规范和技术标准，并按照安全操作规程和"6S"管理规定进行。	20
2	缓冲器的检查与调整	根据电梯维保计划，某电梯公司需要对某小区一台3层3站TKJ 800/0.63-JXW电梯（或类似教学电梯）的缓冲器进行年度维保作业。班组长布置该电梯缓冲器的年度维保作业任务，要求在2小时内完成该电梯缓冲器的维保作业，确保缓冲器电气安全装置和其他部件的功能正常，并填写相关电梯维保工作单。 　　电梯维保作业人员从班组长处接受工作任务，明确工作时间和工作内容；根据任务需求，查阅电梯维保工艺手册、相关国家电梯标准，明确操作规范；与电梯使用单位相关人员进行专业沟通；查阅电梯维保记录，制订缓冲器专项保养工作计划，并交班组长审核；准备工具、材料、设备，以小组合作方式完成缓冲器专项保养作业；保养作业完成并自检合格后，整理工作现场，填写专项保养作业记录表，并交付电梯使用单位相关人员确认，经班组长审核后存档。 　　在作业过程中，电梯维保作业人员须遵守国家、行业的技术规范和技术标准，并按照安全操作规程和"6S"管理规定进行。	20
3	钢丝绳绳头的制作	根据电梯维保计划，某电梯公司需要对某小区一台3层3站TKJ 800/0.63-JXW电梯（或类似教学电梯）的曳引钢丝绳进行截断维修作业。班组长布置该电梯曳引钢丝绳截断维修作业任务，要求在2	80

3	钢丝绳绳头的制作	小时内完成该电梯钢丝绳绳头制作，确保钢丝绳绳头组合装置和其他部件的功能正常，并填写相关电梯维保工作单。 电梯维保作业人员从班组长处接受工作任务，明确工作时间和工作内容；根据任务需求，查阅电梯维保工艺手册、相关国家电梯标准，明确操作规范；与电梯使用单位相关人员进行专业沟通；查阅电梯维保记录，制订钢丝绳绳头专项保养工作计划，并交班组长审核；准备工具、材料、设备，以小组合作方式完成钢丝绳绳头制作专项保养作业；保养作业完成并自检合格后，整理工作现场，填写专项保养作业记录表，并交付电梯使用单位相关人员确认，经班组长审核后存档。 在作业过程中，电梯维保作业人员须遵守国家、行业的技术规范和技术标准，并按照安全操作规程和"6S"管理规定进行。	
4	限速器－安全钳的检查与调整	根据电梯维保计划，某电梯维保公司需要对某小区一台3层3站TKJ 1000/1.6-JXW电梯（或类似教学电梯）的限速器－安全钳进行年度保养。班组长布置该电梯限速器－安全钳年度维保作业任务，要求在4小时内完成该限速器－安全钳专项保养作业，确保限速器和安全钳的功能正常，并填写相关电梯维保工作单。 电梯维保作业人员从班组长处接受工作任务，明确工作时间和工作内容；根据任务需求，查阅电梯维保工艺手册、相关国家电梯标准，明确操作规范；与电梯使用单位相关人员进行专业沟通；查阅电梯维保记录，制订限速器－安全钳专项保养工作计划，并交班组长审核；准备工具、材料、设备，以小组合作方式完成限速器－安全钳专项保养作业；保养作业完成并自检合格后，整理工作现场，填写专项保养作业记录表，并交付电梯使用单位相关人员确认，经班组长审核后存档。 在作业过程中，电梯维保作业人员须遵守国家、行业的技术规范和技术标准，并按照安全操作规程和"6S"管理规定进行。	40
5	制动装置的检查与调整	根据电梯维保计划，某电梯维保公司需要对某小区一台3层3站TKJ 800/0.63-JXW电梯（或类似教学电梯）的制动装置进行年度维保作业。班组长布置该电梯制动装置年度维保作业任务，要求在4小时内完成该电梯制动装置年度维保作业，确保制动装置铁芯和其他部件的功能正常，并填写相关电梯维保工作单。 电梯维保作业人员从班组长处接受工作任务，明确工作时间和工作内容；根据任务需求，查阅电梯维保工艺手册、相关国家电梯标准，明确操作规范；与电梯使用单位相关人员进行专业沟通；查阅电梯维	80

		保记录，制订制动装置专项保养工作计划，并交班组长审核；准备工具、材料、设备，以小组合作方式完成制动装置专项保养作业；保养作业完成并自检合格后，整理工作现场，填写专项保养作业记录表，并交付电梯使用单位相关人员确认，经班组长审核后存档。 在作业过程中，电梯维保作业人员须遵守国家、行业的技术规范和技术标准，并按照安全操作规程和"6S"管理规定进行。	
5	制动装置的 检查与调整		
6	门系统的检查 与调整	根据电梯维保计划，某电梯公司需要对某小区一台3层3站TKJ 800/0.63–JXW有机房电梯（或类似教学电梯）的门系统进行年度维保作业。班组长布置该电梯门系统年度维保作业任务，要求在2小时内完成该电梯门系统年度维保作业，确保门系统的电气装置、机械装置和门系统其他部件的功能正常，并填写相关电梯维保工作单。 电梯维保作业人员从班组长处接受工作任务，明确工作时间和工作内容；根据任务需求，查阅电梯维保工艺手册、相关国家电梯标准，明确操作规范；与电梯使用单位相关人员进行专业沟通；查阅电梯维保记录，制订门系统专项保养工作计划，并交班组长审核；准备工具、材料、设备，以小组合作方式完成门系统专项保养作业；保养作业完成并自检合格后，整理工作现场，填写专项保养作业记录表，并交付电梯使用单位相关人员确认，经班组长审核后存档。 在作业过程中，电梯维保作业人员须遵守国家、行业的技术规范和技术标准，并按照安全操作规程和"6S"管理规定进行。	80

教学实施建议

1. 师资要求

任课教师需具备电梯专项保养的企业实践经验，具备电梯专项保养工学一体化课程教学设计与实施、教学资源选择与应用等能力。

2. 教学组织方式与方法建议

采用行动导向的教学方法。为确保教学安全，提高教学效果，建议采用分组教学的形式（4~6人/组），小组内进行岗位轮换，班级人数不超过30人。在完成工作任务的过程中，教师须加强示范与指导，注重学生职业素养和规范操作的培养。

3. 教学资源配备建议

（1）教学场地

"电梯专项保养"典型工作任务一体化学习工作站须具备良好的安全、照明和通风条件，可分为集中教学区、分组教学区、信息检索区、工具存放区和成果展示区，并配备相应的多媒体教学设备，按照必需、够用、实用的原则，保证工学一体化课程标准的贯彻实施。

（2）工具、材料、设备

工具：通用工具，常用安全防护用品，常用仪器仪表，百分表，油壶、卡簧钳、DU 衬套工具、力矩扳手、黄油枪、手电钻、切割机、电炉（或煤气喷枪和煤气瓶），记号笔、抹布等。

材料：巴氏合金、$\phi 0.8\,\mathrm{mm}$ 镀锌铁丝、润滑油、润滑脂、除锈剂、砂纸、电工胶布等。

设备：曳引驱动电梯、制动器部件、缓冲器部件、导靴部件、钢丝绳部件、层门部件、轿门门机部件、限速器部件、安全钳部件、计算机等。

（3）教学资料

以工作页为主，配置国家法律和条例，国家标准，特种设备安全技术规范，企业标准，安全操作规程，电梯保养合同，电梯安装、使用及维护说明书，电梯维保记录，"6S"管理规定，参考书等。

4. 教学管理制度

执行工学一体化教学场所和教学组织的管理规定，如需要进行校外认识实习和岗位实习，应遵守生产性实训基地、企业实习等管理制度。

教学考核要求

采用过程性考核和终结性考核相结合的方式。

1. 过程性考核

采用自我评价、小组评价和教师评价相结合的方式进行考核，让学生学会客观地自我评价，教师依据学生的学习过程，并参照学生的自我评价和小组评价进行知识、技能、素养等方面的总评性评价，最后提出完善性的改进建议。

（1）课堂考核：考核出勤、学习态度、课堂纪律、回答问题、小组协作与展示等。

（2）作业考核：考核工作页的完成情况、相关工作报告的撰写、课后练习等。

（3）阶段考核：理论知识测试、实操项目测试等。

2. 终结性考核

学生根据任务情境中的要求，在规定时间内完成电梯专项部件的日常保养作业任务，维护后的电梯专项部件性能达到国家和企业标准要求。

考核任务参考案例：制动器的维护与保养

【情境描述】

某小区物业与电梯维保公司签订保养合同，要求对该小区一台 3 层 3 站 TKJ 800/0.63–JXW 有机房电梯或类似教学电梯的专项部件（如制动器、门系统、安全钳–限速器或钢丝绳绳头）开展保养，班组长安排电梯维保作业人员负责保养电梯专项部件，要求按照电梯保养合同、国家和行业相关规定及企业相关标准，在 1 小时内完成该专项保养工作。

【任务要求】

根据任务的情境描述，在规定时间内完成制动器的维护与保养任务。

1. 能依据电梯维保工作单，明确专项保养的工作任务和工作要求，在查阅电梯维保工艺手册、电梯维保安全操作规程和相关国家标准、企业标准及规则后，明确电梯部件保养方法、要求和安全操作规定。

2. 能与班组长和电梯使用单位相关人员等进行专业沟通，根据安全措施要求、国家电梯标准与规则、维保作业流程，制订电梯专项保养计划，进行作业前的准备工作，包括工具、材料、设备等的准备。

3. 能依据电梯专项保养项目的工作计划及工作规范，正确使用工具和设备，在规定时间内完成电梯专项保养工作任务，并填写维保记录。

4. 能依据电梯运行性能和安全功能的要求，对保养质量进行自检，将电梯试运行复位，并填写电梯维保工作单。

5. 能在作业过程中严格执行国家标准、企业安全生产制度、环保管理制度以及"6S"管理规定。

【参考资料】

完成上述任务时，可以使用所有常见教学资料，如国家法律和条例、国家标准、特种设备安全技术规范、企业标准和规范、安全操作规程、保养合同、电梯维保记录、电梯保养安排表、"6S"管理规定、参考书等资料，个人笔记和网络资源等。

（七）电梯整机安装与调试课程标准

工学一体化课程名称	电梯整机安装与调试	基准学时	320
典型工作任务描述			

电梯整机是指曳引驱动电梯的整个系统，包括机房设备、轿厢设备、井道设备、层站设备等。电梯整机安装与调试是把电梯机房、井道、轿厢、层站几个空间的设备，按照安装工艺要求、安全操作规程和国家验收标准进行安装、检查和试验，并通过检验验收，使电梯投入正常运行的工作过程。电梯整机安装与调试作业的主要工作包括样板架设置、机房设备安装与调整、井道设备安装与调整、轿厢和对重安装与调整、层门设备安装与调整、悬挂设备安装与调整。

电梯安装与调试作业小组从项目经理处领取安装作业任务书；到达安装现场，与项目经理及电梯使用单位沟通后，进行现场勘查；依据设备装箱单进行设备开箱核查，确定设备零件与装箱单内容相符、外观未损坏；查阅安装作业流程图、设备相关技术文件（安装说明书、土建布置图、机房平面布局图、动力电路和安全电路电气原理图）、安装合同、电梯安装手册、企业电梯安装与调试作业规范、国家相关标准及法律法规等，分析人员、场地等现场情况，制订和优化电梯安装与调试工作方案，交项目经理审核；审核通过后，电梯安装与调试作业小组依据电梯安装与调试工作方案进行工具、材料、资料、设备等的准备，并与电梯使用单位沟通，开展电梯安装与调试作业，完成样板架设置、机房设备安装与调整、井道设备安装与调整、轿厢和对重安装与调整、层门设备安装与调整、悬挂设备安装与调整；电梯安装与调试作业完成后，进行验收，经验收合格后，回收工具、材料、资料和设备，整理工作现场，出具电梯整机安装与调试报告，交电梯使用单位确认，经项目经理审核后存档；完成电梯整机安装与调试作业后，进行工作总结，并提出现场安装与调试改进意见。

在作业过程中，电梯装调作业人员须严格遵循国家、行业的技术规范，安全操作规程，生产厂家制定的操作规程，企业内部的检验规范，安全生产制度及"6S"管理规定。

工作内容分析

工作对象：	工具、材料、设备与资料：	工作要求：
1. 安装作业任务书的领取； 2. 与项目经理及电梯使用单位相关人员的沟通； 3. 电梯设备开箱核查； 4. 电梯安装与调试工作方案的制订和优化； 5. 工具、材料、资料和设备准备； 6. 电梯整机安装与调试的实施； 7. 电梯整机调试验收； 8. 电梯整机安装与调试报告填写和提交； 9. 工作总结填写、改进意见提出； 10. 电梯安装过程的安全性及成本评估。	1. 工具：通用工具，常用安全防护用品，常用仪器仪表，电动葫芦、吊装钢丝绳、吸尘器、手锯、锉刀、冲击钻、切割机、电气焊设备、导轨校准仪、墨斗、刷子、转速表、温度计、声级计、测力计、照度计、记号笔、抹布等； 2. 材料：工字型钢、电焊条、钢板、膨胀螺栓、建筑方木、导轨润滑油、曳引机齿轮润滑油、润滑脂、砂纸等； 3. 设备：电梯整机各个部件及安装井道等； 4. 资料：国家法律和条例，国家标准，特种设备安全技术规范，企业标准，安全操作规程，电梯安装合同，设备随机技术文件，井道土建图，机房平面布置图，电梯安装、使用及维护说明书，"6S"管理规定，参考书等。 **工作方法：** 1. 电梯整机各个部件的安装作业方法； 2. 工具的使用方法。 **劳动组织方式：** 1. 以小组合作形式实施； 2. 从项目经理处领取任务，与电梯使用单位、项目经理沟通，进行现场勘查； 3. 与小组成员进行工作准备，进行设备开箱核查、现场交底，制订和优化电梯安装与调试工作方案； 4. 依据电梯安装与调试工作方案，开展电梯整机安装与调试作业，作业完成后，进行验收，出具电梯整机安装与调试报告，交电梯使用单位确认，经项目经理审核后存档，并进行工作总结，提出现场安装与调试改进意见。	1. 电梯安装与调试作业人员从项目经理处领取安装作业任务书，明确工作任务和工作要求； 2. 依据电梯安装与调试工作方案，到达安装现场，与项目经理及电梯使用单位沟通，进行现场勘查； 3. 依据设备装箱单进行设备开箱核查，确定设备零部件与装箱单内容相符、外观未损坏； 4. 查阅电梯安装与调试作业流程图、设备相关技术文件、安装合同，根据企业电梯安装与调试作业规范、国家相关标准及法律法规等，分析人员、场地等现场情况，制订和优化电梯安装与调试工作方案； 5. 依据电梯安装与调试工作方案准备工具、材料、资料和设备； 6. 依据电梯安装与调试工作方案，与电梯使用单位沟通，开展电梯安装与调试作业； 7. 电梯安装与调试作业完成后，进行验收，经验收合格后，回收工具、材料、资料和设备，清理工作现场； 8. 出具电梯整机安装与调试报告，交电梯使用单位确认，经项目经理审核后存档； 9. 进行工作总结，提出现场安装与调试改进意见； 10. 确保整个工作过程符合"6S"管理规定。

课程目标

学习完本课程后，学生应能胜任电梯整机安装与调试工作，包括：

1. 能阅读安装作业任务书，与项目经理沟通，明确电梯整机安装与调试任务内容和工作要求。

2. 能依据安装作业任务书，到达安装现场，与项目经理及电梯使用单位沟通，进行现场勘查，并按照设备装箱单进行设备开箱核查，确定设备零部件与装箱单内容相符、外观未损坏。

3. 能依据安装作业流程图、设备相关技术文件（安装说明书、土建布置图、机房平面布局图、动力电路和安全电路电气原理图）、安装合同、电梯安装手册、企业电梯安装与调试作业规范、国家相关标准及法律法规等，分析人员、场地等现场情况，制订和优化电梯安装与调试工作方案，并交项目经理审核。

4. 能依据电梯安装与调试工作方案进行工具、材料、资料、设备的准备。

5. 能依据电梯安装与调试工作方案，与电梯使用单位沟通，开展电梯安装与调试作业，完成样板架设置、机房设备安装与调整、井道设备安装与调整、轿厢和对重安装与调整、层门设备安装与调整、悬挂设备安装与调整。

6. 能在电梯安装与调试作业完成后，进行验收，经验收合格后，回收工具、材料、资料和设备，清理工作现场，出具电梯整机安装与调试报告，交电梯使用单位确认，经项目经理审核后存档。

7. 能在完成电梯整机安装与调试作业后，进行工作总结，并提出现场安装与调试改进意见。

8. 能在作业过程中严格执行国家和企业标准、企业安全生产制度、环保管理制度以及"6S"管理规定。

9. 能在工作中独立分析与解决复杂性、关键性和创新性问题，具备统筹协调、总结反思、持续改进、团结协作等能力，以及劳动精神等思政素养。

学习内容

本课程的主要学习内容包括：

一、电梯整机安装与调试工作任务的接受

实践知识：电梯工作环境的认识，电梯部件（如门系统、轿厢系统、导向系统、机房系统）的装配图及相对应零件图、土建图、井道布置图、井道平面图、机房平面图的识读，电梯整机安装与调试工作任务的了解。

理论知识：图纸投影方法的原理、特点和应用范围，图纸比例和比例尺的概念、计算方法和应用规范，图形符号和标注的含义、表达方式和应用规范，尺寸和公差的概念、计算方法和应用规范，零件名称和编号的命名规则、编号规范和应用方法，零件的装配顺序和方法的规范、安全注意事项及操作技巧。

二、电梯整机安装与调试工作计划的制订

实践知识：与客户的沟通，技术交底，工作流程和规范的明确，场地、工具、材料、人员情况分析，安装与调试工作计划的制订和优化。

理论知识：电梯整机安装与调试的工作流程和技术要求。

三、电梯整机安装与调试的工作准备

实践知识：土建图纸、装配图纸、零件图的识读；样板架、曳引机、底坑、导轨支架示意图的识读与绘制；开箱核查，确定工具、材料、设备。

理论知识：电动葫芦、吊装钢丝绳、导轨校准仪的定义、分类、结构、功能及主要参数，工字型钢、钢板、膨胀螺栓、建筑方木等建筑材料的定义、分类、结构、功能及主要参数，安装材料的类型、功能、结构及主要参数。

四、电梯整机安装与调试的实施

实践知识：电梯安装材料的选择、处理，样板架的搭建，电梯井道、机房、轿厢与对重、层门设备、悬挂设备和电气系统的检查、安装与调整，电梯安装安全措施的实施。

理论知识：样板架搭建的工艺及方法，机房设备、轿厢与对重、井道设备、限速器、安全钳和张紧装置、层门设备、悬挂设备和电梯电气系统的安装工艺及方法。

五、电梯整机安装与调试的自检

实践知识：电梯相关国家标准、检规和企业标准的查阅，国家、行业规范中电梯整机自检的技术要求的查阅，电梯安装与调试工作单的填写，工作总结的撰写，与电梯管理人员的沟通、协调。

理论知识：国家、行业规范中关于电梯监督检验的工作方法与技术要求。

六、通用能力、职业素养、思政素养

自主学习、自我管理、信息检索、理解与表达、交往与合作、创新思维、解决问题等通用能力，安全意识、质量意识、规范意识、效率意识、成本意识、环保意识、市场意识、服务意识等职业素养，以及劳模精神、劳动精神、工匠精神等思政素养。

参考性学习任务

序号	名称	学习任务描述	参考学时
1	样板架设置	学院某办公楼需安装某品牌4层4站电梯一部，电梯井道内脚手架已经搭建完毕。受学院委托，电梯工程技术专业学生承接电梯样板架设置工作任务，参照国家和企业相关标准，根据任务要求，在2个工作日内完成样板架设置，完成后交付验收。 电梯安装与调试作业小组从项目经理处领取安装作业任务书，明确工作内容与工作要求；到达安装现场，与项目经理及电梯使用单位沟通，进行现场勘查，并依据设备装箱单进行设备开箱核查，确定设备零部件与装箱单内容相符、外观未损坏；查阅样板架设置作业流程图和相关技术资料；识读井道平面图、立剖图，进行设置现场勘查；依据安装合同、电梯安装手册、企业电梯安装与调试作业规范、国家相关标准及法律法规等的要求，分析人员、场地等现场情况，制订和优化电梯样板架设置工作方案，交项目经理审核；依据电梯样板架设置工作方案进行工具、材料、资料、设备的准备；与电梯使用单位沟通，开展电梯样板架设置作业并进行自检，经安装小组组长复核合格后，清理现场。 在作业过程中，电梯安装与调试作业小组须严格遵守国家、行业的技术规范和技术标准，并按照安全操作规程和"6S"管理规定进行。	60

2	机房设备安装与调整	学院某办公楼需安装某品牌4层4站电梯一部，电梯样板架已安装，放样线工作已经完成。受学院委托，电梯工程技术专业学生承接机房设备安装与调整工作任务，参照国家及企业相关标准，根据任务要求，在4个工作日内完成机房设备的安装与调整，完成后交付验收。 电梯安装与调试作业小组查阅安装作业任务书，明确工作内容与工作要求；查阅机房设备安装的相关技术资料（包括曳引机、承重梁、导向轮的安装技术文件等），识读机房平面/孔位图；查阅机房设备安装作业流程图和相关技术资料，进行安装现场勘查；依据安装合同、电梯安装手册、企业电梯安装与调试作业规范、国家相关标准及法律法规等的要求，分析人员、场地等现场情况，制订和优化电梯机房设备安装与调整工作方案，交项目经理审核；依据电梯机房设备安装与调整工作方案进行工具、材料、资料、设备的准备；与电梯使用单位沟通，开展电梯机房设备安装与调整作业并进行自检，经安装小组组长复核合格后，清理现场。 在作业过程中，电梯安装与调试作业小组须严格遵守国家、行业的技术规范和技术标准，并按照安全操作规程和"6S"管理规定进行。	60
3	井道设备安装与调整	学院某办公楼需安装某品牌4层4站电梯一部，电梯样板架已安装，放样线工作已经完成。受学院委托，电梯工程技术专业学生承接电梯井道设备安装与调整工作任务，参照国家及企业相关标准，根据任务要求，在5个工作日内完成电梯井道设备的安装与调整，完成后交付验收。 电梯安装与调试作业小组查阅安装作业任务书，明确工作内容与工作要求；查阅井道设备安装的相关技术资料（包括导轨、导轨支架、底坑爬梯、缓冲器、终端保护、对重隔障的安装技术文件等），识读井道平面/立剖图；查阅井道设备安装作业流程图和相关技术资料，进行安装现场勘查；依据安装合同、电梯安装手册、企业电梯安装与调试作业规范、国家相关标准及法律法规等的要求，分析人员、场地等现场情况，制订和优化电梯井道设备安装与调整工作方案，交项目经理审核；依据电梯井道设备安装与调整工作方案进行工具、材料、资料、设备的准备；与电梯使用单位沟通，开展电梯井道设备安装与调整作业并进行自检，经安装小组组长复核合格后，清理现场。 在作业过程中，电梯安装与调试作业小组须严格遵守国家、行业的技术规范和技术标准，并按照安全操作规程和"6S"管理规定进行。	60

4	轿厢、对重安装与调整	学院某办公楼需安装某品牌4层4站电梯一部，电梯机房设备已安装完成。受学院委托，电梯工程技术专业学生承接轿厢、对重安装与调整工作任务，参照国家及企业相关标准，根据任务要求，在10个工作日内完成轿厢、对重的安装与调整，完成后交付验收。 电梯安装与调试作业小组查阅安装作业任务书，明确工作内容与工作要求；查阅轿厢与对重设备安装的相关技术资料（包括轿厢、门扇、门机、对重、地坎、限位开关的安装技术文件等），识读轿厢与对重平面图；查阅轿厢与对重设备安装作业流程图和相关技术资料，进行安装现场勘查；依据安装合同、电梯安装手册、企业电梯安装与调试作业规范、国家相关标准及法律法规等的要求，分析人员、场地等现场情况，制订和优化电梯轿厢、对重安装与调整工作方案，交项目经理审核；依据电梯轿厢、对重安装与调整工作方案进行工具、材料、资料、设备的准备；与电梯使用单位沟通，开展电梯轿厢、对重安装与调整作业并进行自检，经安装小组组长复核合格后，清理现场。 在作业过程中，电梯安装与调试作业小组须严格遵守国家、行业的技术规范和技术标准，并按照安全操作规程和"6S"管理规定进行。	40
5	层门设备安装与调整	学院某办公楼需安装某品牌4层4站电梯一部，电梯样板架已安装，放样线工作已经完成。受学院委托，电梯工程技术专业学生承接层门设备安装与调整工作任务，参照国家及企业相关标准，根据任务要求，在3个工作日内完成层门设备的安装与调整，完成后交付验收。 电梯安装与调试作业小组查阅安装作业任务书，明确工作内容与工作要求；查阅层门设备安装的相关技术资料，识读层门设备平面图；查阅层门设备安装作业流程图和相关技术资料，进行安装现场勘查；依据安装合同、电梯安装手册、企业电梯安装与调试作业规范、国家相关标准及法律法规等的要求，分析人员、场地等现场情况，制订和优化电梯层门设备安装与调整工作方案，交项目经理审核；依据电梯层门设备安装与调整工作方案进行工具、材料、资料、设备的准备；与电梯使用单位沟通，开展层门设备安装与调整作业并进行自检，经安装小组组长复核合格后，清理现场。 在作业过程中，电梯安装与调试作业小组须严格遵守国家、行业的技术规范和技术标准，并按照安全操作规程和"6S"管理规定进行。	40

| 6 | 悬挂设备安装与调整 | 某学院办公楼需安装一部某品牌4层4站电梯，电梯井道脚手架已部分拆除，井道设备、机房设备、轿厢与对重都已安装完毕。受学院委托，电梯工程技术专业学生承接电梯悬挂设备安装与调整工作任务，参照国家及企业相关标准，根据任务要求，在3个工作日内完成电梯悬挂设备的安装与调整，完成后交付验收。

电梯安装与调试作业小组查阅安装作业任务书，明确工作内容与工作要求；查阅悬挂设备安装的相关技术资料（包括钢丝绳、导向轮、电缆及支架、限速器、安全钳、补偿绳的安装技术文件等），识读悬挂设备的装配图；查阅悬挂设备安装作业流程图和相关技术资料，进行安装现场勘查；依据安装合同、电梯安装手册、企业电梯安装与调试作业规范、国家相关标准及法律法规等的要求，分析人员、场地等现场情况，制订和优化电梯悬挂设备安装与调整工作方案，交项目经理审核；依据电梯悬挂设备安装与调整工作方案进行工具、材料、资料、设备的准备；与电梯使用单位沟通，开展电梯悬挂设备安装与调整作业并进行自检，经安装小组组长复核合格后，清理现场。安装完毕后，提交电梯整机安装与调试报告，交电梯使用单位确认，经项目经理审核后存档。完成电梯整机安装与调试作业后，进行工作总结，并提出现场安装与调试改进意见。

在作业过程中，电梯安装与调试作业小组须严格遵守国家、行业的技术规范和技术标准，并按照安全操作规程和"6S"管理规定进行。 | 60 |

教学实施建议

1. 师资要求

任课教师需具备电梯整机安装与调试的企业实践经验，具备电梯整机安装与调试工学一体化课程教学设计与实施、教学资源选择与应用等能力。

2. 教学组织方式与方法建议

采用行动导向的教学方法。为确保教学安全，提高教学效率，建议采用小组形式（4~6人/组）进行教学，小组内进行岗位轮换，班级人数不超过30人。在完成工作任务的过程中，教师须加强示范与指导，注重学生职业素养和规范操作的培养。

3. 教学资源配备建议

（1）教学场地

"电梯整机安装与调试"典型工作任务一体化学习工作站须具备良好的安全、照明和通风条件，可分为集中教学区、分组教学区、信息检索区、工具存放区和成果展示区，并配备相应的多媒体教学设备，按照必需、够用、实用的原则，保证工学一体化课程标准的贯彻实施。

（2）工具、材料、设备

工具：通用工具，常用安全防护用品，常用仪器仪表，电动葫芦、吊装钢丝绳、吸尘器、手锯、锉刀、冲击钻、切割机、电气焊设备、导轨校准仪、墨斗、刷子、转速表、温度计、声级计、测力计、照度计、记号笔、抹布等。

材料：工字型钢、电焊条、钢板、膨胀螺栓、建筑方木、导轨润滑油、曳引机齿轮润滑油、润滑脂、砂纸等。

设备：电梯整机各个部件及安装井道等。

（3）教学资料

以工作页为主，配置国家法律和条例，国家标准，特种设备安全技术规范，企业标准，安全操作规程，实操指导书，电梯安装合同，设备随机技术文件，井道土建图，机房平面布置图，电梯安装、使用及维护说明书，"6S"管理规定，参考书等。

4. 教学管理制度

执行工学一体化教学场所和教学组织的管理规定，如需要进行校外认识实习和岗位实习，应遵守生产性实训基地、企业实习等管理制度。

教学考核要求

采用过程性考核和终结性考核相结合的方式。

1. 过程性考核

采用自我评价、小组评价和教师评价相结合的方式进行考核，让学生学会客观地自我评价，教师依据学生的学习过程，并参照学生的自我评价和小组评价进行知识、技能、素养等方面的总评性评价，最后提出完善性的改进建议。

（1）课堂考核：考核出勤、学习态度、课堂纪律、回答问题、小组协作与展示等。

（2）作业考核：考核工作页的完成情况、相关工作报告的撰写、课后练习等。

（3）阶段考核：理论知识测试、实操项目测试等。

2. 终结性考核

学生根据电梯井道平面图、机房平面图及电梯装配图，在规定时间内完成电梯样板架的设置，经检测符合技术要求。

考核任务参考案例：电梯样板架的设置

【情境描述】

某住宅需要安装3层3站电梯一部，电梯井道脚手架已搭建完毕，需要完成电梯样板架设置工作任务。根据任务要求，参照安装合同，国家、行业的技术规范和技术标准及企业规范文件，在2小时内完成样板架的设置，完成后交付验收。

【任务要求】

根据任务的情境描述，在规定时间内完成电梯样板架的设置任务。

1. 电梯安装与调试作业小组阅读安装作业任务书，明确工作内容与工作要求。

2. 到达安装现场，与项目经理及电梯使用单位沟通后，进行现场勘查。

3. 查阅样板架设置作业流程图和相关技术资料，识读井道平面布置图，进行安装现场勘查。

4. 依据安装合同、电梯安装手册、企业电梯安装与调试作业规范、国家相关标准及法律法规等的要求，分析人员、场地等现场情况,制订和优化电梯样板架设置工作方案。

5. 依据电梯样板架设置工作方案,进行工具、材料、资料、设备的准备,并进行电梯样板架安装作业,完成样板架的设置。

6. 完成样板架的设置后进行自检,经安装小组组长复核合格后,清理现场。

7. 在工作中遵循安全操作规程和"6S"管理规定的要求。

【参考资料】

完成上述任务时,可以使用所有常见教学资料,如国家法律和条例、国家标准、特种设备安全技术规范、企业标准和规范、安全操作规程、电梯安装合同、设备随机技术文件、井道土建图、机房平面布置图、电梯安装技术手册、工作页、"6S"管理规定、参考书等资料,个人笔记和网络资源等。

(八)电梯设备大修课程标准

工学一体化课程名称	电梯设备大修	基准学时	320

典型工作任务描述

电梯设备由机械装置及电气装置组成,其中机械装置包括曳引系统、轿厢系统、导向系统、门系统、悬挂系统,电气装置包括拖动系统、控制系统、显示和呼叫系统等。当电梯机械装置或电气装置磨损严重或性能全面下降时,电梯维修作业人员应对电梯设备进行大修,大修宜定为5~6年一次。若厂家有具体规定,以及对技术指标有特殊要求的可依厂家规定,大修后的电梯应符合国家与企业相关标准要求。电梯部件大修由取得许可的安装、改造、维修单位或者电梯制造单位承担,包括电梯重要部件的拆卸、更换、润滑、安装与调整,使电梯达到安全要求,保证电梯能够正常运行,且须由取得国家统一格式的特种作业人员证书的电梯维修作业人员实施作业。电梯机械装置大修主要包括电梯轿厢上下跳动故障检修、电梯曳引机异响故障检修、电梯曳引机漏油故障检修、电梯钢丝绳严重损坏故障检修。电梯电气装置大修主要包括电梯变频器烧毁故障检修和电梯主控制器烧毁故障检修。

电梯维修作业人员从项目经理处领取任务单,根据任务要求,明确工作任务;查阅电梯安装、使用及维护说明书,相关国家标准与法规,电梯设备大修合同,企业相关标准与规定,对电梯重要部件进行技术分析、故障分析、现场勘查,明确工作时间、电梯设备大修技术要点和标准要求,制订电梯设备大修工作方案,并就方案与电梯使用单位进行沟通;根据方案要求,准备工具、材料和设备,开展物料自检;到达工作现场,与电梯使用单位相关人员进行接洽、沟通,开展电梯设备大修工作;电梯设备大修完成后自检,确保电梯运行正常,复位电梯;整理现场,回收工具、材料和设备,填写电梯设备大修记录单,提交项目经理;现场工作完工后,交付电梯使用单位进行确认并评价反馈,将电梯设备大修记录单上交存档。

在电梯设备大修实施过程中,电梯维修作业人员须严格遵守国家法律法规的规定,按照国家、行业、企业的技术规范及技术标准、安全操作规程、"6S"管理规定、电梯设备大修合同的要求,对电梯机械装置和电气装置开展维修工作。

工作内容分析

工作对象：	工具、材料、设备与资料：	工作要求：
1. 工作任务的接受和内容、要求的明确； 2. 电梯设备大修工作方案的制订； 3. 工具、材料和设备的准备； 4. 电梯设备大修和检验实施； 5. 工具、材料和设备的整理，电梯设备大修记录单的填写和存档。	1. 工具：通用工具，常用安全防护用品，常用仪器仪表，起重龙门架、手拉葫芦、切割机、三爪拉码、吸尘器、手锯，百分表、测力计、照度计、温度计，记号笔、刷子、抹布等； 2. 材料：润滑／防锈剂、黄油、软铜块、巴氏合金块、绳夹、砂纸、各类导线、线管、接线端子、钢丝绳、绳头组合、线槽、主令开关、熔断器、继电器、接触器等； 3. 设备：曳引驱动电梯、曳引机、井架、补偿装置、电梯控制柜、网孔板等； 4. 资料：国家法律和条例、国家标准、特种设备安全技术规则、企业标准、安全操作规程、大修合同、电梯图纸、变频器说明书、主控制器说明书、任务书、电梯设备大修维修方案、维修报告、电梯设备大修记录单、"6S"管理规定、参考书等。 **工作方法：** 1. 资料获取及标准检索的方法； 2. 电梯安全操作方法； 3. 工具的使用方法； 4. 电梯设备的检验、清洁和润滑方法； 5. 变频器的测试方法； 6. 主控制器的测试方法； 7. 电梯设备大修记录单的填写方法。 **劳动组织方式：** 1. 以小组合作形式实施； 2. 从管理者处领取任务，工作结束后上交电梯设备大修记录单（单位联）； 3. 从企业备货处领取工具、材料和设备，工作结束后归还； 4. 与电梯使用单位相关人员沟通，协助开展电梯设备大修作业； 5. 与同伴协作完成电梯设备大修作业。	1. 大修作业小组从项目经理处接受电梯设备大修的工作任务，明确本次大修的任务内容和要求； 2. 根据大修工作任务要求，查阅电梯安装、使用及维护说明书，大修合同，企业标准，国家标准和法规，制订电梯设备大修工作方案； 3. 根据电梯设备大修工作方案，准备工具、材料和设备； 4. 规范开展电梯设备的拆卸、清洁、更换、润滑、安装、调整、测试与检验，填写维修任务单； 5. 规范整理工具、材料和设备，规范填写电梯设备大修记录单。

课程目标

学习完本课程后，学生应能胜任电梯设备大修工作，包括：

1. 能阅读电梯设备大修任务单，与项目经理等相关人员进行专业沟通，明确大修作业的项目内容。

2. 能查阅电梯设备大修相关资料，包括电梯安全技术理论，电梯安装、使用与维护说明书，大修合同，企业标准，国家标准和法规，明确工作要求。

3. 能依据电梯相关技术文件，识读电梯电气图纸和机械图纸，查阅电梯设备安装相关文件，进行现场勘查，确定现场是否符合维修条件。

4. 能依据电梯设备大修合同要求和电梯实际状况，按照电梯设备大修任务单要求，制订工作方案。

5. 能依据安全操作和维修作业规范，正确选用工具、材料、设备，在规定时间内完成对电梯机械装置大修的工作任务。

6. 能依据安全操作和维修作业规范，正确选用工具、材料、设备，在规定时间内完成对电梯电气装置大修的工作任务。

7. 能依据电梯设备大修工作流程，填写大修记录单，并交付验收。

8. 能归纳和展示电梯设备大修的操作流程、技术要点、工作方法、安全注意事项，总结工作经验，分析不足，提出合理的改进措施。

9. 能及时掌握电梯维修行业的政策现状及技术前沿发展趋势，具有自我发展能力和创新能力。

学习内容

本课程的主要学习内容包括：

一、电梯设备大修工作任务的接受

实践知识：电梯工作环境的认识，电梯部件（如曳引机、电气控制系统）的装配图及对应原理图、接线图、接线表、零件图、机房平面图的识读，电梯设备大修工作任务单的阅读和理解，与客户的沟通，电梯设备大修工作任务的了解。

理论知识：曳引机、钢丝绳的相关知识（包括曳引机、钢丝绳的定义、功能、类型、结构、工作原理及主要技术参数等），电梯的机械图纸知识（包括零件图和装配图的知识，电梯变频拖动系统和电梯主控制系统的知识），电梯的电气图纸知识（包括原理图、接线图、接线表的知识）。

二、电梯设备大修工作计划的制订

实践知识：电梯相关说明书、安装手册的查阅，与项目经理、电梯管理员的沟通，工作流程和规范的明确，场地、工具、材料、人员情况的分析，电梯设备大修工作计划的制订和优化。

理论知识：电梯设备大修的工作流程和技术要求，曳引机、钢丝绳、变频拖动系统、主控制系统拆卸、安装、调整、检验的工作流程及技术要求，与项目经理、电梯管理员的沟通方法。

三、电梯设备大修的工作准备

实践知识：工具、材料、设备的正确选择和使用。

理论知识：电梯设备大修所需设备（包括曳引机、钢丝绳及相关配件、材料）的功能、类型、结构、主要参数及使用方法。

四、电梯设备大修的实施

实践知识：曳引机、钢丝绳、变频拖动系统、主控制系统的拆卸、安装、调整、检验。

理论知识：曳引机、钢丝绳、变频拖动系统、主控制系统的安装工艺及方法。

五、电梯设备大修的自检

实践知识：电梯相关国家标准、检规和企业标准的查阅，电梯设备大修后检验技术要求的查阅，电梯设备大修记录单的填写，工作报告的撰写，与项目经理、电梯管理员的沟通。

理论知识：电梯设备大修的检验方法与工作要求。

六、通用能力、职业素养、思政素养

自主学习、自我管理、信息检索、理解与表达、交往与合作、创新思维、解决问题等通用能力，安全意识、质量意识、规范意识、效率意识、成本意识、环保意识、市场意识、服务意识等职业素养，以及劳模精神、劳动精神、工匠精神等思政素养。

参考性学习任务

序号	名称	学习任务描述	参考学时
1	电梯轿厢上下跳动故障检修	某品牌同批次同型号电梯，32 层 /30 站，速度 2.5 m/s，载重 1 000 kg（或类似教学电梯），电梯维修作业人员做季度、年度检查时，发现电梯机房曳引机有轻微振动现象，在轿厢内乘坐电梯时轿厢有上下跳动现象，将其向电梯使用单位和电梯制造单位汇报。电梯制造单位项目经理下达电梯设备大修的工作任务，要求电梯维修作业人员在 1 天内完成大修作业，确保电梯运行正常，并填写相关电梯设备大修记录单。 电梯维修作业人员从项目经理处接受任务，确认电梯机械装置大修内容；查阅各厂家维修手册等资料，结合电梯设备大修合同、国家标准和法规，制订电梯轿厢上下跳动故障检修工作方案，包括大修的内容、标准、时间安排、人员组织和作业流程；将大修工作方案上交管理人员进行审核，并通知项目经理；以独立或小组合作方式准备工具、材料和设备，进行大修前的自我安全检查；完成曳引机的拆卸、清洁、润滑、装配、更换与调整（同心度调整）并检验；检验合格后，填写电梯设备大修记录单，进行电梯复位，并清理现场；大修作业完成后，交付电梯使用单位进行确认并评价反馈，将电梯设备大修记录单上交存档；完成维修后，按国家、行业安装验收规范及厂家技术要求、大修合同进行验收。 在作业过程中，电梯维修作业人员须严格遵守国家法律法规的规定，并按照国家、行业、企业的技术规范、技术标准、安全操作规程、"6S" 管理规定、电梯设备大修合同的要求进行。	60

| 2 | 电梯曳引机异响故障检修 | 某品牌同批次同型号电梯，30层/30站，速度1.6 m/s，载重750 kg（或类似电梯、教学电梯），电梯维修作业人员做季度、年度检查时，发现电梯机房有异常尖锐的响声，用声级计在机房进行测量，超过80 dB时，电动机轴和蜗杆轴有轻微窜动现象，将其向电梯使用单位和电梯制造单位汇报。电梯制造单位项目经理下达电梯设备大修的工作任务，要求电梯维修作业人员在1天内完成大修作业，确保电梯运行正常，并填写相关电梯设备大修记录单。

电梯维修作业人员从项目经理处接受任务，确认电梯机械装置大修内容；查阅各厂家维修手册等资料，结合电梯设备大修合同、国家标准和法规，制订电梯曳引机异响故障检修工作方案，包括大修的内容、标准、时间安排、人员组织和作业流程；将大修工作方案上交管理人员进行审核，并通知项目经理；以独立或小组合作方式准备工具、材料和设备，进行大修前的自我安全检查；完成曳引机的拆卸、清洁、润滑、装配、更换（蜗杆轴承的更换）与调整并检验；检验合格后，填写电梯设备大修记录单，进行电梯复位，并清理现场；大修作业完成后，交付电梯使用单位进行确认并评价反馈，将电梯设备大修记录单上交存档；完成维修后，按国家、行业安装验收规范及厂家技术要求、大修合同进行验收。

在作业过程中，电梯维修作业人员须严格遵守国家法律法规的规定，并按照国家、行业、企业的技术规范、技术标准、安全操作规程、"6S"管理规定、电梯设备大修合同的要求进行。 | 40 |
| 3 | 电梯曳引机漏油故障检修 | 某品牌某型号电梯，30层/30站，速度1.75 m/s，载重1 000 kg（或类似电梯、教学电梯），电梯维修作业人员做季度、年度检查时，发现电梯曳引机有漏油现象（渗漏到地板和墙面），且经过一昼夜的观察，发现曳引机漏油量较多，将其向电梯使用单位和电梯制造单位汇报。电梯制造单位项目经理下达电梯设备大修的工作任务，要求电梯维修作业人员在1天内完成大修作业，确保电梯运行正常，并填写相关电梯设备大修记录单。

电梯维修作业人员从项目经理处接受任务，确认电梯机械装置大修内容；查阅各厂家维修手册等资料，结合电梯设备大修合同、国家标准和法规，制订电梯曳引机漏油故障检修工作方案，包括大修的内容、标准、时间安排、人员组织和作业流程；将大修工作方案上交管理人员进行审核，并通知项目经理；以独立或小组合作方式准备工具、材料和设备，进行大修前的自我安全检查；完成曳引机的拆卸、清洁、润滑、装配、更换（密封圈的更换）与调整并检验； | 60 |

3	电梯曳引机漏油故障检修	检验合格后，填写电梯设备大修记录单，进行电梯复位，并清理现场；大修作业完成后，交付电梯使用单位进行确认并评价反馈，将电梯设备大修记录单上交存档；完成维修后，按国家、行业安装验收规范及厂家技术要求、大修合同进行验收。 在作业过程中，电梯维修作业人员须严格遵守国家法律法规的规定，并按照国家、行业、企业的技术规范、技术标准、安全操作规程、"6S"管理规定、电梯设备大修合同的要求进行。	
4	电梯钢丝绳严重损坏故障检修	某品牌某型号电梯，23 层 /23 站，速度 1.6 m/s，载重 1 000 kg（或类似电梯、教学电梯），电梯维修作业人员在机房检修时，发现钢丝绳有局部断股，同时伴有大量断丝现象，将其向电梯使用单位和电梯制造单位汇报。电梯制造单位项目经理下达电梯设备大修的工作任务，要求电梯维修作业人员在 1 天内完成大修作业，确保电梯运行正常，并填写相关电梯设备大修记录单。 电梯维修作业人员从项目经理处接受任务，确认电梯机械装置大修内容；查阅各厂家维修手册等资料，结合电梯设备大修合同、国家标准和法规，制订电梯钢丝绳严重损坏故障检修工作方案，包括大修的内容、标准、时间安排、人员组织和作业流程；将大修工作方案上交管理人员进行审核，并通知项目经理；以独立或小组合作方式准备工具、材料和设备，进行大修前的自我安全检查；完成钢丝绳严重损坏故障检修（轿厢对重的吊装、钢丝绳的检验、钢丝绳的剪切、绳头的制作、补偿装置的剪切、补偿装置的调整等）并检验；检验合格后，填写电梯设备大修记录单，进行电梯复位，并清理现场；大修作业完成后，交付电梯使用单位进行确认并评价反馈，将电梯设备大修记录单上交存档；完成维修后，按国家、行业安装验收规范及厂家技术要求、大修合同进行验收。 在作业过程中，电梯维修作业人员须严格遵守国家法律法规的规定，并按照国家、行业、企业的技术规范、技术标准、安全操作规程、"6S"管理规定、电梯设备大修合同的要求进行。	40
5	电梯变频器烧毁故障检修	某楼盘一部电梯（或类似电梯、教学电梯）发生停梯现象，电梯使用单位通知电梯维修作业人员，电梯维修作业人员到达现场后，发现变频器电源灯不亮，打开变频器外罩发现电路板有烧焦痕迹，将其向电梯使用单位相关人员和电梯制造单位汇报。电梯制造单位项目经理下达电梯设备大修的工作任务，要求电梯维修作业人员在 1 天内完成大修作业，确保电梯运行正常，并填写相关电梯设备大修记录单。	60

5	电梯变频器烧毁故障检修	电梯维修作业人员从项目经理处领取任务书，确认电梯电气装置大修内容；勘查现场，与电梯使用单位相关人员沟通并建立联系，协调更换变频器的工作准备；从资料管理员处获取并分析电梯厂家随机资料、同类梯型的变频器维修记录、变频器说明书等，熟悉安全规程、维修标准；制订维修工作方案，包括大修的内容、标准、时间安排、人员组织和作业流程，工作方案报请项目经理审核批准；从保管员处领取新的变频器、工具、材料等必备物品；按照批准的维修方案，进行电梯变频器的更换及测试工作，主要包括变频器安装、变频器内部拖动功能测试、变频器外部端子控制拖动功能测试、变频器模拟信号控制调速测试、变频器多功能信号控制调速测试；大修完成后进行检验，检验合格后，填写电梯设备大修记录单，进行电梯复位，并清理现场；大修作业完成后，交付电梯使用单位进行确认并评价反馈，将电梯设备大修记录单上交存档；完成维修后，按国家、行业安装验收规范及厂家技术要求、大修合同进行验收。 在作业过程中，电梯维修作业人员须严格遵守国家法律法规的规定，并按照国家、行业、企业的技术规范、技术标准、安全操作规程、"6S"管理规定、电梯设备大修合同的要求进行。	
6	电梯主控制器烧毁故障检修	某楼盘一部电梯（或类似电梯、教学电梯）发生停梯现象，电梯使用单位通知电梯维修作业人员，电梯维修作业人员到达现场后，发现主控制器电源灯不亮，打开主控制器外罩发现电路板有烧焦痕迹，将其向电梯使用单位相关人员和电梯制造单位汇报。电梯制造单位项目经理下达电梯设备大修的工作任务，要求电梯维修作业人员在1天内完成大修作业，确保电梯运行正常，并填写相关电梯设备大修记录单。 电梯维修作业人员从项目经理处领取任务书，确认电梯电气装置大修内容；勘查现场，与电梯使用单位相关人员沟通，协调更换主控制器的工作准备；从资料管理员处获取并分析电梯厂家随机资料、同类梯型主控制器的维修记录、主控制器说明书等，熟悉安全规程、维修标准；制订维修工作方案，包括大修的内容、标准、时间安排、人员组织和作业流程，工作方案报请项目经理审核批准；从保管员处领取新的主控制器、工具、材料等必备物品；按照批准的维修方案，进行电梯主控制器的更换及测试工作，主要包括主控制器安装、主控制器联机控制功能测试；大修完成后进行检验，检验合格后，填写电梯设备大修记录单，进行电梯复位，并清理现场；大修作业完成后，交付电梯使用单位进行确认并评价反馈，将电梯设备大修	60

6	电梯主控制器烧毁故障检修	记录单上交存档；完成维修后，按国家、行业安装验收规范及厂家技术要求、大修合同进行验收。 在作业过程中，电梯维修作业人员须严格遵守国家法律法规的规定，并按照国家、行业、企业的技术规范、技术标准、安全操作规程、"6S"管理规定、电梯设备大修合同的要求进行。

教学实施建议

1. 师资要求

任课教师需具备电梯设备大修的企业实践经验，具备电梯设备大修工学一体化课程教学设计与实施、教学资源选择与应用等能力。

2. 教学组织方式与方法建议

采用行动导向的教学方法。为确保教学安全，提高教学效果，建议采用分组教学的形式（4~6人/组），组内组间可进行学习任务轮换。在完成工作任务的过程中，教师须加强示范与指导，注重学生职业素养和规范操作的培养。

3. 教学资源配备建议

（1）教学场地

"电梯设备大修"典型工作任务一体化学习工作站须具备良好的安全、照明和通风条件，可分为集中教学区、分组教学区、实训工作区、信息检索区、工具存放区和成果展示区，并配备相应的多媒体教学设备、电梯设备等，面积以至少同时容纳30人开展教学活动为宜。电气设备大修教学时，工位须配备适宜教学活动的模拟电梯控制柜，包含变频器、主控制器、电机、旋转编码器、接触器、继电器、开关、按钮、指示灯、接线端子、变压器、开关电源等电气设备以及配套计算机。

（2）工具、材料、设备

工具：通用工具，常用安全防护用品，常用仪器仪表，起重龙门架、手拉葫芦、切割机、三爪拉码、吸尘器、手锯、百分表、测力计、照度计、温度计、记号笔、刷子、抹布等。

材料：润滑/防锈剂、黄油、软铜块、巴氏合金块、绳夹、砂纸、各类导线、线管、接线端子、钢丝绳、绳头组合、线槽、主令开关、熔断器、继电器、接触器等。

设备：曳引驱动电梯、曳引机、井架、补偿装置、电梯控制柜、网孔板等。

（3）教学资料

以工作页为主，配置国家法律和条例、国家标准、特种设备安全技术规范、企业标准、安全操作规程、大修合同、电梯图纸、变频器说明书、主控制器说明书、任务书、电梯设备大修维修方案、维修报告、电梯设备大修记录单、"6S"管理规定、参考书等。

4. 教学管理制度

执行工学一体化教学场所和教学组织的管理规定，如需要进行校外认识实习和岗位实习，应遵守生产性实训基地、企业实习等管理制度。

教学考核要求

采用过程性考核和终结性考核相结合的方式。

1. 过程性考核

采用自我评价、小组评价和教师评价相结合的方式进行考核，让学生学会客观地自我评价，教师依据学生的学习过程，并参照学生的自我评价和小组评价进行知识、技能、素养等方面的总评性评价，最后提出完善性的改进建议。

（1）课堂考核：考核出勤、学习态度、课堂纪律、回答问题、小组协作与展示等。

（2）作业考核：考核工作页的完成情况、相关工作报告的撰写、课后练习等。

（3）阶段考核：理论知识测试、实操项目测试等。

2. 终结性考核

学生根据任务情境中的要求，制订电梯设备大修工作方案，并按照作业规范，在规定时间内完成电梯某一零部件的例行大修作业任务，维修后的电梯零部件性能要求达到企业和国家技术标准。

考核任务参考案例：曳引机大修

【情境描述】

按照电梯设备大修合同的要求，现有一有机房曳引机需要拆卸、清洁、润滑、更换、调整、测试及接线。电梯制造单位项目经理下达电梯设备大修的工作任务，要求电梯维修作业人员在 1 天内完成大修作业，确保电梯运行正常，并填写相关电梯设备大修记录单。我院学生正在该公司开展毕业实习，接受了本次工作任务。

【任务要求】

根据任务的情境描述，在规定时间内完成曳引机大修任务。

1. 能根据任务的情境描述，在规定时间内完成曳引机例行大修的方案编制和大修的实施。

2. 能列出曳引机大修的主要项目和技术参数，制作"电梯设备大修单"。

3. 能按照情境描述的情况，对曳引机实施例行大修，并填写"电梯设备大修单"。

【参考资料】

完成上述任务时，可以使用所有常见教学资料，如国家法律和条例、国家标准、特种设备安全技术规范、企业标准和规范、安全操作规程、大修合同、电梯图纸、变频器说明书、主控制器说明书、任务书、电梯设备大修工作方案、维修报告、电梯设备大修记录单、工作页、"6S"管理规定、参考书等资料，个人笔记和网络资源等。

（九）电梯检验课程标准

工学一体化课程名称	电梯检验	基准学时	240

典型工作任务描述

电梯检验是依据电梯相关安全技术规范和标准，对安装、改造、重大修理后的电梯或在用电梯进行的检查、验证活动，以判定电梯的安全技术性能是否达到相关安全技术规范和标准的要求。电梯检验分为电梯定期检验和电梯监督检验。

电梯检验人员从技术主管处领取工作任务，明确电梯检验项目、内容及要求，接受安全技术交底，根据工期和检验工艺流程要求，制订工作计划，领取检验所需工具、设备和材料，以团队合作的方式，实施电梯检验。检验过程中，进行自检和相互核验，记录检验数据。检验结束后，复位电梯，填写电梯检验报告，提交技术主管审核、验收并存档。

电梯检验过程中，电梯检验人员须严格遵守国家、行业、企业的安全管理规定，电梯检验规程，电梯检验作业指导书和"6S"管理规定的要求，按照国家、行业、企业的安装验收规范进行。

工作内容分析

工作对象：	工具、材料、设备与资料：	工作要求：
1. 工作任务单的领取； 2. 工作计划的制订； 3. 工具、材料和设备的准备； 4. 检验现场检验条件的确认； 5. 电梯检验的实施； 6. 电梯检验报告的填写； 7. 对检验工作的总结和评价。	1. 工具：通用工具，常用安全防护用品，常用仪器仪表，推拉力计、声级计、秒表、温湿度计、激光测距仪、钢丝绳张力测试仪，记号笔、抹布等； 2. 材料：砝码、砂纸等； 3. 设备：曳引驱动电梯等； 4. 资料：国家法律和条例，国家标准，特种设备安全技术规范，企业标准，安全操作规程，电梯安装、使用及维护说明书，各种工具、设备的操作规程，电梯检验规程，电梯检验作业指导书，"6S"管理规定，参考书等。 **工作方法：** 1. 资料查阅及信息的检索方法； 2. 检验工具和设备的使用方法； 3. 工作联系函、电梯检验报告的填写方法； 4. 检验结果和结论的分析、判定方法； 5. 工作评价、总结、改进的方法。 **劳动组织方式：** 1. 电梯检验人员从技术主管处领取工作任务单； 2. 与检验组长进行沟通，制订工作计划； 3. 查阅相关技术手册等资料； 4. 准备检验所需的工具、设备及材料； 5. 以团队合作方式实施电梯检验； 6. 检验结束后交付技术主管审核、验收。	1. 根据工作任务单，明确工作内容及安全技术交底内容； 2. 根据工期和检验工艺要求，制订工作计划； 3. 根据电梯检验作业指导书要求，准备工具、材料和设备； 4. 根据相关规范和标准，确认检验现场的检验条件满足要求； 5. 按要求实施检验，客观记录检验数据，检验结果和结论判定符合相关规范和标准要求； 6. 根据任务要求，填写电梯检验报告； 7. 对工作进行评价和总结，在工作过程中严格执行企业安全操作规程、电梯检验规程、"6S"管理规定、相关规范和标准。

课程目标

学习完本课程后，学生应能胜任电梯检验工作，包括：

1. 能阅读工作任务单，查阅电梯相关安全技术规范和标准，与小组成员进行信息沟通，明确工作任务的内容和要求，接受安全技术交底。

2. 能收集资料信息，根据工作任务单要求，明确电梯检验工作流程，制订工作计划。

3. 能查阅电梯检验规程和相关作业指导书，领取检验所需工具、设备和材料，并检查工具、设备等的完好性。

4. 能依据工作计划，按照电梯检验工艺流程，严格遵守企业内部安全操作规定、电梯检验规程、电梯检验作业指导书，以小组合作方式完成电梯检验工作任务。

5. 能按《电梯监督检验和定期检验规则——曳引与强制驱动电梯》（TSG T7001—2009）、《电梯制造与安装安全规范　第1部分：乘客电梯和载货电梯》（GB/T 7588.1—2020）等标准和技术规范的要求，使用钢直尺、塞尺、钢卷尺、绝缘电阻测试仪、钳形电流表等工具进行电梯监督检验和定期检验，记录检验数据，判定检验结果和结论，填写电梯检验报告，提交技术主管审核、验收。

6. 能在现场检验工作完成后，按照"6S"管理规定，清扫、整理现场，恢复电梯正常运行，撤除安全围栏和警示牌，撤离现场。

7. 能在工作过程中自我约束、服从管理、尊重他人，认真听取他人想法，进行有效的沟通与合作，创造积极向上的工作氛围。

8. 能依据汇报展示要求对工作过程进行资料收集、整合，团结协作，利用多媒体设备和演示办公软件等表达、展示工作成果。

9. 能在工作结束后，进行工作总结和反思，优化检验工作计划和方案。

10. 能在工作中独立分析与解决复杂性、关键性和创新性问题，具备统筹协调、总结反思、持续改进、团结协作等能力，以及劳动精神等思政素养。

学习内容

本课程的主要学习内容包括：

一、电梯检验工作任务的接受

实践知识：电梯工作环境的认识，电梯检验工作任务单的阅读，与客户的沟通，对电梯检验工作任务的了解。

理论知识：国家电梯行业相关安全法规、验收规范的知识，电梯检验规程、电梯检验作业指导书等的知识。

二、电梯检验工作计划的制订

实践知识：电梯相关说明书、安装手册的查阅，工作流程和技术规范的明确，场地、工具、材料、人员的准备，检验工作计划的制订和优化，与客户的沟通。

理论知识：电梯检验作业规范的工作流程和技术规范，包括技术资料审查、机房及相关设备、井道及相关设备、轿厢与对重（平衡重）、悬挂装置、补偿装置及旋转部件防护装置、轿门与层门、无机房电梯附加项目的检验和实验的知识。

三、电梯检验的工作准备

实践知识：电梯安全防护用品的正确选择和使用，电梯检验专用工具、材料、设备的正确选择和使用。

理论知识：电梯检验专用工具（钢丝绳张力测试仪、电梯加速度测试仪、限速器测试仪等）的使用方法。

四、电梯检验的实施

实践知识：检验现场条件的检查，电梯技术资料的审查，机房及相关设备、井道及相关设备、轿厢与对重（平衡重）、悬挂装置、补偿装置及旋转部件防护装置、轿门与层门、无机房电梯附加项目的检验和实验。

理论知识：电梯检验作业中各个检验环节技术资料的审查方法，机房及相关设备、井道及相关设备、轿厢与对重（平衡重）、悬挂装置、补偿装置及旋转部件防护装置、轿门与层门、无机房电梯附加项目的检验和实验的技术规范与检验方法。

五、电梯检验报告的填写

实践知识：电梯相关国家标准、检规和企业标准的查阅，电梯检验报告的规范填写及与电梯管理人员的沟通。

理论知识：电梯检验作业规范的工作要求、技术要求及判定标准。

六、通用能力、职业素养、思政素养

自主学习、自我管理、信息检索、理解与表达、交往与合作、创新思维、解决问题等通用能力，安全意识、质量意识、规范意识、效率意识、成本意识、环保意识、市场意识、服务意识等职业素养，以及劳模精神、劳动精神、工匠精神等思政素养。

参考性学习任务

序号	名称	学习任务描述	参考学时
1	电梯定期检验	某电梯维保单位维保 1 部曳引驱动乘客电梯，当前该电梯已按相关要求完成了年度保养工作。现因申报检验机构定期检验的工作需要，要求完成该台电梯的年度自检工作，自检项目、内容及要求依据《电梯监督检验和定期检验规则——曳引与强制驱动电梯》（TSG T7001—2009）的附件 C 进行。 电梯检验人员从技术主管处领取工作任务单，明确电梯检验项目、内容及要求，接受安全技术交底；根据工期和检验工作要求，制订工作计划；根据检验作业指导书要求，领取工具、设备和材料，并进行完好性检查；到达现场，做好个人和现场安全防护，以小组合作方式，实施电梯检验，检验过程中进行自检和互检，记录检验数据；检验结束后，复位电梯，填写电梯定期检验自检报告，提交技术主管审核、验收并存档。 在电梯检验过程中，电梯检验人员须严格遵守国家、行业、企业的安全管理规定，以及电梯检验规程、电梯检验作业指导书和"6S"管理规定的要求，并按照国家、行业、企业的安装验收规范进行。	120
2	电梯监督检验	某电梯安装单位已完成 1 部曳引驱动乘客电梯的安装、调试工作。现因申报检验机构监督检验的工作需要，要求完成该台电梯的安装自检工作，自检项目、内容及要求依据《电梯监督检验和定期检验	120

2	电梯监督检验	规则——曳引与强制驱动电梯》（TSG T7001—2009）的附件 B 进行。
		电梯检验人员从技术主管处领取工作任务单，明确电梯检验项目、内容及要求，接受安全技术交底；根据工期和检验工作要求，制订工作计划；根据检验作业指导书要求，领取工具、设备和材料，并进行完好性检查；到达现场，做好个人和现场安全防护，以小组合作方式，实施电梯检验，检验过程中进行自检和互检，记录检验数据；检验结束后，复位电梯，填写电梯监督检验自检报告，提交技术主管审核、验收并存档。
		在电梯检验过程中，电梯检验人员须严格遵守国家、行业、企业的安全管理规定，以及电梯检验规程、电梯检验作业指导书和"6S"管理规定的要求，并按照国家、行业、企业的安装验收规范进行。

教学实施建议

1. 师资要求

任课教师需具备电梯检验的企业实践经验，具备电梯检验工学一体化课程教学设计与实施、教学资源选择与应用等能力。

2. 教学组织方式与方法建议

采用行动导向的教学方法。为确保教学安全，提高教学效率，建议采用小组形式（4~5 人／组）进行教学，小组内进行岗位轮换，班级人数不超过 30 人。在完成工作任务的过程中，教师须加强示范与指导，注重学生职业素养和规范操作的培养。

3. 教学资源配备建议

（1）教学场地

"电梯检验"典型工作任务一体化学习工作站须具备良好的安全、照明和通风条件，可以分为集中教学区、分组教学区、信息检索区、工具存放区和成果展示区，并配备多媒体资料与设备等，面积以至少同时容纳 30 人开展教学活动为宜。

（2）工具、材料、设备

工具：通用工具，常用安全防护用品，常用仪器仪表，推拉力计、声级计、秒表、温湿度计、激光测距仪、钢丝绳张力测试仪，记号笔、抹布等。

材料：砝码、砂纸等。

设备：曳引驱动电梯（或模拟教学电梯）等。

（3）教学资料

以工作页（电梯保养合同、电梯维保记录）为主，配置国家法律和条例，国家标准，特种设备安全技术规范，企业标准，安全操作规程，电梯安装、使用及维护说明书，各种工具和设备的操作规程，电梯检验规程，电梯检验作业指导书，"6S"管理规定，参考书等。

4. 教学管理制度

执行工学一体化教学场所和教学组织的管理规定，如需要进行校外认识实习和岗位实习，应遵守生产性实训基地、企业实习等管理制度。

教学考核要求

采用过程性考核和终结性考核相结合的方式。

1. 过程性考核

采用自我评价、小组评价和教师评价相结合的方式进行考核，让学生学会客观地自我评价，教师依据学生的学习过程，并参照学生的自我评价和小组评价进行知识、技能、素养等方面的总评性评价，最后提出完善性的改进建议。

（1）课堂考核：考核出勤、学习态度、课堂纪律、回答问题、小组协作与展示等。

（2）作业考核：考核工作页的完成情况、相关工作报告的撰写、课后练习等。

（3）阶段考核：理论知识测试、实操项目测试等。

2. 终结性考核

学生根据任务情境中的要求，在规定时间内完成电梯的检验工作，经验收达到相关安全技术规范要求。

考核任务参考案例：电梯安装自检

【情境描述】

某电梯安装单位已完成 1 部曳引驱动乘客电梯的安装，现因申报检验机构监督检验的工作需要，要求完成该台电梯的安装自检工作。安装自检项目、内容及要求严格按照《电梯监督检验和定期检验规则——曳引与强制驱动电梯》（TSG T7001—2009）的附件 B 进行。

【任务要求】

根据任务的情境描述，在规定时间内完成电梯安装自检任务。

1. 能根据工作任务单，查阅相关资料，明确检验工作项目、内容及要求，接受安全技术交底。

2. 能根据工作任务要求和检验工艺流程，制订检验工作计划。

3. 能准确查阅电梯检验相关资料，正确领取所需工具、设备及材料，并检查工具、设备的完好性。

4. 能按照《电梯监督检验和定期检验规则——曳引与强制驱动电梯》（TSG T7001—2009）的要求，在规定时间内完成电梯的检验任务。在检验过程中，严格执行企业安全操作规定、电梯检验规程、电梯作业指导书及 "6S" 管理规定，注重职业规范。

5. 能在检验结束时，规范填写电梯检验报告，提交技术主管审核、验收。

【参考资料】

完成上述任务时，可以使用所有常见教学资料，如国家法律和条例，国家标准，特种设备安全技术规范，企业标准和规范，安全操作规程，电梯安装、使用及维护说明书，各种工具和设备的操作规程，电梯检验规程，电梯检验作业指导书，工作页，"6S" 管理规定，参考书等资料，个人笔记和网络资源等。

（十）电梯改造与装调课程标准

工学一体化课程名称	电梯改造与装调	基准学时	240
典型工作任务描述			

电梯改造与装调是指曳引驱动电梯整机电气系统中由使用电能、分配电能、传输电能的元部件构成的电气系统需要升级改造并进行与改造配套的安装与调试工作，按控制方式可分为继电器控制电梯（或类

似电梯）的 PLC 控制系统改造与装调、PLC 控制电梯（或类似电梯）的微机控制系统改造与装调；按子系统可分为机房电气系统、井道电气系统、轿厢电气系统、安全保护装置、层站及轿厢召唤显示等子系统的改造与装调。电梯改造与装调包括控制器的升级改造，电气元器件的就位、固定，线槽敷设，线缆安装，慢车运行调试，快车运行调试等，改造与装调完成并自检合格后，报政府部门检验，取得准用证方可交付使用。

电梯改造与装调人员从改造与装调项目主管处领取电梯电气系统改造与装调任务书；查阅电梯改造任务书、安装与调试手册、图纸、安装与调试相关表格、电梯电气安装与调试工艺规范、国家标准、企业标准、安全操作规程等文档资料，核对电梯类型、结构、控制方式、安装与调试技术要求等必要信息；进行现场勘查，确定电梯整机符合电气安装条件；开箱查验材料，确定材料存放区域，设立通告牌；与小组负责人、客户进行协商，制订电梯电气系统改造与装调计划，优化电气系统改造与装调实施流程；编制电梯整机安装接线表，经项目主管审核批准后实施电梯整机电气安装，并填写电梯安装工作日志；安装完毕进行安装质量自检，填写安装质量电梯检查表；对电梯整机机房、井道、底坑等空间进行必要清理，清除传动装置、电气设备及其他部件上一切不应有的异物；报请项目主管验收，验收合格提交调试申请；调试申请批准后，分析调试任务书要求，运用电梯服务器（或计算机）实施慢车调试及快车调试；完成调试报告，并提交项目主管审核验收。

在电梯改造与装调作业过程中，电梯改造与装调人员须严格遵守国家、行业的技术规范和技术标准及厂家指定的技术操作规程、安全操作规程、"6S"管理规定。

工作内容分析		
工作对象： 1. 电梯电气系统改造与装调任务书的领取； 2. 与客户、改造装调项目经理、资料管理员等的沟通； 3. 施工现场的勘查； 4. 改造与装调资料的检索及查阅； 5. 改造与装调方案的制订； 6. 工具、材料、设备的准备； 7. 电梯改造与装调的作业； 8. 改造与装调日志、现场安全检查表、安装	**工具、材料、设备与资料：** 1. 工具：通用工具，常用安全防护用品，常用仪器仪表，吊装用钢丝绳、电动葫芦，声级计、转速表、测力计、秒表、温度计、照度计等； 2. 材料：润滑／防锈剂、砂纸、绝缘胶布、线标、套管等； 3. 设备：曳引驱动电梯、打标机、电梯服务器等； 4. 资料：国家法律和条例、国家标准、特种设备安全技术规范、企业标准、安全操作规程、电梯安装与调试手册、电梯图纸、电梯安装与调试工艺规范、电梯电气系统改造与装调任务书、改造与装调日志、安装质量检查表、调试报告、"6S"管理规定、参考书等。 **工作方法：** 1. 安全操作方法； 2. 电梯改造与装调资料的检索方法； 3. 电梯电气图纸的识读方法；	**工作要求：** 1. 根据任务书明确电梯电气系统改造与装调的内容及要求； 2. 与客户、改造与装调项目经理、资料管理员等相关人员进行专业沟通； 3. 勘查施工现场，确定现场符合电梯电气系统的改造与装调条件； 4. 根据电梯改造与装调任务书、安装与调试手册、国家标准、企业标准、改造与装调相关记录表格等资料分析改造与装调的内容和工艺

质量检查表、调试申请表、调试报告的填写及提交; 9. 电梯电气系统改造与装调工作的安全性、经济性、环保性、规范性评估; 10. 总结及评价等。	4. 电梯电气系统改造与装调工具、设备的使用方法; 5. 测量定位装置的装配方法、线槽电缆的布置方法、电气元部件的安装方法; 6. 检查及调试方法、故障排除方法(观察法、替换法、电阻法、电压法、隔离法、短接法、分区分段法、故障树分析法)等。 **劳动组织方式:** 1. 以安装与调试班组形式进行; 2. 从改造与装调项目主管处领取改造与装调任务书,从资料管理员处领取随机文件,查阅安装与调试资料; 3. 从仓库管理员处领取工具、材料和相关设备; 4. 与客户进行安装方案沟通,制订并优化电气改造与装调计划,小组配合完成电梯整机电气系统改造的安装工作,进行安装自检,与项目主管沟通审核验收,任务完成后提交调试申请; 5. 调试申请批准后,完成电梯整机电气调试工作,并进行功能性运行自检,改造与装调任务完成后提交调试报告,与项目主管沟通审核验收。	要求; 5. 从满足改造与装调安全规范及工艺要求、人员时间协调、作业组织形式、保障改造与装调质量的角度制订改造与装调方案; 6. 工具、材料、设备的准备符合改造与装调方案需求; 7. 改造与装调作业过程中电气系统的安装固定、布线、检查、测量、调试、排故、操作运行等工作符合相关标准; 8. 规范填写改造与装调日志、现场安全检查表、安装质量检查表、调试申请表、调试报告等; 9. 改造与装调作业过程应严格执行各项安全生产制度、环保管理制度及"6S"管理规定; 10. 对已完成的工作进行总结、记录、评价、反馈和存档。

课程目标

学习完本课程后,学生应能胜任电梯改造与装调工作,包括:

1. 能读懂改造与装调任务书,与项目主管等相关人员进行专业沟通,明确工作目标、内容与要求。

2. 能正确解读国家标准、行业标准、电梯安装与调试手册、电梯图纸等。

3. 能认知常见梯型的结构、控制方式、主要参数,熟悉安装与调试技术要求。

4. 能进行现场勘查,确定现场是否符合电气安装条件。

5. 能根据任务书制订改造与装调实施技术方案,并进行优化,方案应包括安全责任落实,时间,人员组织协调,工具、材料及设备列表,实施流程等。

6. 能根据安全操作规程和安装与调试工艺规范,正确使用工具、材料、设备。

7. 能编制电梯整机安装接线表。

8. 能根据电梯整机安装接线表,对电梯电气系统进行安装固定、布线连接、检查、测量、运行逻辑分析、调试运行。

9. 能综合分析慢、快车调试过程中遇到的故障或异常现象，通过观察法、替换法、电阻法、电压法、隔离法、短接法、分区分段法、故障树分析法等方法进行故障和异常状况的诊断与排除。

10. 能根据安装质量检查表、调试报告的要求，按行业标准对安装与调试结果进行自检，确保电梯可以安全、可靠地运行。

11. 能完成数据测量、记录和元部件动作确认，并填写相关表格，交付项目主管验收。

12. 能归纳总结电梯整机改造与装调的方法及要点、技术技巧、故障排除方法和注意事项。

13. 能总结工作经验，分析不足，提出改进措施。

14. 能依据"6S"管理规定，安全操作规程，电梯安装、使用及维护说明书等文件，个人或小组完成工作现场的整理、设备和工具的维护与保养。

15. 能在工作中独立分析与解决复杂性、关键性和创新性问题，具备统筹协调、总结反思、持续改进、团结协作等能力，以及劳动精神等思政素养。

<h2 style="text-align:center">学习内容</h2>

本课程的主要学习内容包括：

一、电梯改造与装调工作任务的接受

实践知识：电梯安装与调试手册、电梯电气系统改造与装调任务书的阅读与理解，电梯工作环境的认识，电梯整机电气图纸、装配图的识读，与客户的沟通，对电梯改造工作任务的了解。

理论知识：电梯整机的类型、控制方式、基本结构、主要性能参数、功能特性，国家电梯行业相关安全法规，安装验收规范的相关知识。

二、电梯改造与装调工作计划的制订

实践知识：电梯相关说明书、安装手册的查阅，工作流程和技术规范的明确，电梯改造电气图纸、机械图纸的绘制，电梯改造工作任务的分析，安全责任的落实，工具、材料、设备的准备及人员的组织与安排，改造与装调工作计划的优化，与客户的沟通。

理论知识：电梯改造与装调规范的工作流程和技术规范。

三、电梯改造与装调的工作准备

实践知识：工具、材料、设备的正确选择和使用，电梯改造电气图纸、机械图纸的阅读与理解。

理论知识：电梯控制系统、机械系统的工作原理，电梯电气系统、机械系统的分析及设计知识。

四、电梯改造与装调的实施

实践知识：现场条件的检查，机房内电气系统、井道电气系统、轿厢电气系统、安全保护装置、接地线的改造与安装，各层站、轿厢召唤显示系统的更换、改造与安装，电梯电气系统的安装与调试，慢车和快车调试。

理论知识：电梯电气与机械系统的检查和调试、故障排除的方法，电梯电气系统改造与装调任务书的填写及工作报告的撰写方法。

五、电梯改造与装调的自检

实践知识：电梯改造技术资料的查询，检验工作的准备，检验实施，检验报告的填写，与电梯管理人员的沟通。

理论知识：电梯改造作业的工作流程和技术规范，电梯机房、井道、轿厢、门系统、悬挂装置的检验方法及技术规范。

六、通用能力、职业素养、思政素养

自主学习、自我管理、信息检索、理解与表达、交往与合作、创新思维、解决问题等通用能力,安全意识、质量意识、规范意识、效率意识、成本意识、环保意识、市场意识、服务意识等职业素养,以及劳模精神、劳动精神、工匠精神等思政素养。

参考性学习任务

序号	名称	学习任务描述	参考学时
1	继电器控制电梯电气系统改造与装调	某大厦有一部继电器控制电梯(或类似电梯),由于控制系统老旧,故障频繁,拟对其控制系统进行从继电器控制到PLC控制的改造升级,并配套进行电气元部件的安装与调试。现要求电梯电气系统改造与装调人员进场,完成继电器控制电梯到PLC控制电梯电气系统的改造与装调。 　　电梯电气改造与装调小组从项目主管处领取电梯电气系统改造与装调任务书,明确改造与装调的内容及要求;查阅电梯安装与调试手册、电梯系统改造图纸、安装与调试相关表格、电梯安装与调试安全规范、电梯安装与调试工艺规范、国家标准等文档资料,核对电梯类型、结构、控制方式、安装与调试技术要求等必要信息;进行现场勘查,确定电梯整机符合电气安装条件;开箱查验材料,确定材料存放区域,设立通告牌;与安装小组负责人、客户进行协商,制订并优化继电器控制电梯电气系统改造与装调方案,方案应包括安全责任落实,时间及人员安排,工具、材料及设备列表,实施流程,电气整机安装接线表等;经项目主管审核批准后实施继电器控制电梯整机电气系统的改造与装调工作,主要包括机房电气系统、井道电气系统、轿厢电气系统、安全保护装置、层站及轿厢召唤显示系统的元部件就位与固定,线槽、线缆敷设,并填写电梯改造与装调日志;安装完毕进行安装质量自检,填写电梯安装质量检查表;对电梯整机机房、井道、底坑等空间进行必要清理,清除传动装置、电气设备及其他部件上的异物;提交调试申请,并经项目主管批准后,运用计算机实施慢车调试及快车调试,其中慢车调试主要包括环境检查、机械检查、电气检查、绝缘检查、接地检查、电源电压符合性检查、参数设定、调试中的故障排除、操作电梯以慢车检修速度运行并进行相应的功能性检查,快车调试主要包括端站开关位置确认及调整、井道自学习、轿厢指令及显示、门系统调试、召唤指令及层站显示、平层精度调整、舒适感调整、安全开关及安全部件功能测试、调试中的故障排除;实施快车运行,完成整	120

1	继电器控制电梯电气系统改造与装调	机功能检验和可靠性测试，记录必要的数据；填写调试报告，提交项目主管审核验收。 在作业过程中，电梯改造与装调人员须严格遵守国家、行业、企业的法律法规、技术规范、安全管理规定和"6S"管理规定。	
2	PLC控制电梯电气系统改造与装调	某大厦有一部PLC控制电梯（或类似电梯），由于控制系统老旧，故障频繁，拟对其控制系统进行从PLC控制到微机控制的改造升级，并配套进行电气元部件的安装与调试。现要求电梯电气系统改造与装调人员进场，完成PLC控制电梯电气系统到微机控制系统的改造与装调。 电梯改造与装调小组从项目主管处领取电梯电气系统改造与装调任务书，明确改造与装调的内容及要求；查阅电梯安装与调试手册、电梯系统改造图纸、安装与调试相关表格、电梯安装与调试安全规范、电梯安装与调试工艺规范、国家标准等文档资料，核对电梯类型、结构、控制方式、安装与调试技术要求等必要信息；进行现场勘查，确定电梯整机符合电气安装条件；开箱查验材料，确定材料存放区域，设立通告牌；与安装小组负责人、客户进行协商，制订并优化PLC控制电梯电气系统改造与装调方案，方案应包括安全责任落实，时间及人员安排，工具、材料及设备列表，实施流程，电气整机安装接线表等；经项目主管审核批准后实施PLC控制电梯电气系统的改造与装调工作，主要包括电气系统元部件就位与固定，线槽、线缆敷设，并填写电梯改造与装调日志；安装完毕进行安装质量自检，填写电梯安装质量检查表；对电梯整机机房、井道、底坑等空间进行必要清理，清除传动装置、电气设备及其他部件上的异物；提交调试申请，并经项目主管批准后，运用电梯服务器实施慢车调试及快车调试，调试中排除故障及异常；实施快车运行，完成整机功能检验和可靠性测试，记录相关数据；填写调试报告，提交项目主管审核验收。 在作业过程中，电梯改造与装调人员须严格遵守国家、行业、企业的法律法规、技术规范、安全管理规定和"6S"管理规定。	120

教学实施建议

1. 师资要求

任课教师需具备电梯改造与装调的企业实践经验，具备电梯改造与装调工学—体化课程教学设计与实施、教学资源选择与应用等能力。

2. 教学组织方式与方法建议

采用行动导向的教学方法。为确保教学安全，提高教学效果，建议采用分组教学的形式（3~4人/组），小组内进行岗位轮换。在完成工作任务的过程中，教师须给予适当指导，注重培养学生独立分析、解决问题的能力，注重学生职业素养和规范操作的培养。

3. 教学资源配备建议

（1）教学场地

"电梯改造与装调"典型工作任务一体化学习工作站须具备良好的安全、照明和通风条件，可分为集中教学区、分组教学区、信息检索区、工具存放区和成果展示区，并配备相应的多媒体教学设备、空调等设施。工位须配备适宜教学活动的大于等于4层站曳引式教学用电梯整机，包含PLC控制电梯、微机控制电梯的机房设备、井道设备、轿厢设备、层站设备、底坑设备。

（2）工具、材料、设备

工具：通用工具，常用安全防护用品，常用仪器仪表，吊装用钢丝绳、电动葫芦，声级计、转速表、测力计、秒表、温度计、照度计等。

材料：润滑／防锈剂、砂纸、绝缘胶布、线标、套管等。

设备：曳引驱动电梯（模拟教学电梯）、打标机、电梯服务器等。

（3）教学资料

以工作页为主，配置国家法律和条例、国家标准、特种设备安全技术规范、企业标准、安全操作规程、电梯安装与调试手册、电梯图纸、电梯安装与调试工艺规范、电梯电气系统改造与装调任务书、改造与装调日志、安装质量检查表、调试报告、"6S"管理规定、参考书等。

4. 教学管理制度

执行工学一体化教学场所和教学组织的管理规定，如需要进行校外认识实习和岗位实习，应遵守生产性实训基地、企业实习等管理制度。

教学考核要求

电梯改造与装调是一项综合性较强的项目，工作任务完成周期长，宜采用过程性考核方式，包括课堂考核、作业考核、实施过程考核和阶段考核，并以是否完成安装与调试任务为主要考核指标，有条件的情况下请企业导师参与评级过程。具体如下：

应采用自我评价、小组评价、教师评价、企业评价相结合的方式进行考核，让学生会客观准确地自我评价。教师要善于观察学生的学习过程，参照学生的自我评价、小组评价，与企业导师进行总评并提出改进建议，鼓励学生在学习任务完成过程中发现问题、解决问题。

（1）课堂考核：考核出勤、学习态度、课堂纪律、回答问题、小组协作与展示等。

（2）作业考核：考核工作页的完成情况、相关工作报告的撰写、课后练习等。

（3）实施过程考核：在电梯改造与装调工作任务中，在改造与装调阶段几个关键节点处设置以成果为导向的考核，包括电梯电气系统的改造与装调（接线表的编制、改造与装调方案的制订与优化、整机电气系统改造与安装完成后的检查、慢车调试前的检查、慢车运行及功能性检查、快慢车调试中的故障排除、快车运行功能性检查）和装调过程中的文档填写（数据记录、故障分析、报表）。

（4）阶段考核：配合实施过程中的阶段性成果，以小组为单位撰写报告，如电梯改造与装调方案、电梯整机安装接线表、慢车调试检查、快车调试中的故障排除等报告，并开展阶段性成果汇报。

【参考资料】

完成上述任务时，可以使用所有常见教学资料，如国家法律和条例、国家标准、特种设备安全技术规范、企业标准和规范、安全操作规程、电梯安装与调试手册、电梯图纸、电梯安装与调试工艺规范、电梯电气系统改造与装调任务书、改造与装调日志、安装质量检查表、调试报告、工作页、"6S"管理规定、参考书等资料，个人笔记和网络资源等。

（十一）电梯项目与安全管理课程标准

工学一体化课程名称	电梯项目与安全管理	基准学时	80

典型工作任务描述

项目与安全管理是指在安装、维保、工程、质量和安全领域，项目与安全管理人员依据业务单位的工作要求，在规定时间内协调工具、材料、设备和人员，完成施工管理、维保管理、业务各方协调、成本控制、计划管理、质量管理和安全管理。电梯项目与安全管理是指电梯企业的电梯项目与安全管理员按照电梯使用单位的要求，对电梯安装、维修工程和服务的计划、组织、领导、协调和控制，具体包括电梯维保项目管理、电梯设备大修现场管理、电梯安装现场管理和安全管理。

电梯项目与安全管理员从主管经理（如售后经理或部门经理）处领取电梯项目与安全管理任务书，与客户沟通，明确工作要求；依据业务内容和合同的要求，勘查现场，制订符合安全性、经济性等需求的电梯项目与安全管理工作方案（施工方案）和工作进度计划安排表，并提交主管经理复核；依据电梯项目与安全管理工作方案、工作进度计划安排表、重大技术措施，组织工具、材料、设备，领导项目小组人员开展项目实施；项目进行过程中，进行定期项目巡查，组织项目进度会，依据工作进度计划安排表及工作规范要求，协调电梯业务单位（甲方、监理及社会有关单位）及工具、材料、设备和人员，控制项目执行过程中的安全、质量、进度，对业务执行现场人员及作业进行管理，控制各工程项目的作业成本，定期完成工作报告，对项目工作中的重点、难点问题进行综合分析，并提出创新性的改进意见。

在管理过程中，电梯项目与安全管理员须严格遵守电梯安全操作规程及"6S"管理规定，按照电梯业务单位要求对电梯项目实施过程进行计划、组织、领导、协调和控制，履行合同义务，监督合同执行，处理合同变更，管理过程要符合国家、行业、企业的技术规范和技术标准等的要求。

工作内容分析

工作对象：	工具、材料、设备与资料：	工作要求：
1. 电梯项目与安全管理任务书的领取； 2. 与电梯业务单位、项目小组人员的沟通； 3. 现场的勘查； 4. 电梯项目与安全管理工作方案（施工方案）和工作进度计划安	1. 工具：通用工具，常用仪器仪表，温度仪、声级计、照度计、手电筒、白板笔等； 2. 材料：白纸等； 3. 设备：曳引驱动电梯、自动扶梯、计算机等； 4. 资料：国家法律和条例、国家标准、特种设备安全技术规范、企业标准、安全操作规范、业务合同、电梯安装作业指导书、项目任	1. 电梯项目与安全管理员从主管经理处领取电梯项目与安全管理任务书，明确工作任务，包括项目的工作内容、工作要求； 2. 根据任务要求，与电梯业务单位、项目小组人员有效沟通；

排表的制订； 5. 工具、材料、设备的准备，项目的实施； 6. 项目巡查，项目进度会的召开，项目实施中工具、材料的协调； 7. 项目实施工作进度、工作质量、工作安全的控制； 8. 对项目工作安全性、经济性和效率的评估； 9. 工作报告的撰写。	务书、电梯项目与安全管理工作方案（施工方案）、工作进度计划安排表、"6S"管理规定、参考书等。 **工作方法：** 1. 项目管理法； 2. 安全管理法； 3. 资料查阅方法； 4. 电梯维保施工方法； 5. 电梯设备大修施工方法； 6. 电梯安装施工方法等。 **劳动组织方式：** 1. 以小组合作形式实施； 2. 从主管经理处领取任务； 3. 从仓库备货处领取工具、材料和设备，工作结束后归还； 4. 与客户及总包相关人员进行沟通，协助开展电梯项目施工作业； 5. 与小组成员协作完成项目管理，工作结束后提交项目管理报告。	3. 查阅业务内容和合同的要求及相关资料，进行现场勘查； 4. 根据工程现场的实际情况，制订电梯项目与安全管理工作方案（施工方案）和工作进度计划安排表，并提交主管经理复核； 5. 检查工具、材料及设备情况，领导项目小组人员，按照项目工作方案进行项目实施； 6. 定期进行项目巡查，召开项目进度会，协调项目工作现场的工具、材料； 7. 严格控制项目实施的工作进度、工作质量和工作安全； 8. 对项目工作进行安全性、经济性和效率评估； 9. 对项目工作中的重点、难点问题进行综合分析，提出创新性的改进意见，并定期撰写工作报告。

课程目标

学习完本课程后，学生应能胜任电梯项目与安全管理工作，包括：

1. 能阅读电梯项目任务书和合同要求，与电梯业务单位相关人员沟通，明确工作内容和工作要求。

2. 能查询电梯项目与安全管理相关资料，包括电梯安全技术理论、电梯使用与维护说明书、安装合同、保养合同、大修合同、企业标准、国家标准和法规。

3. 能与主管经理、电梯业务单位相关人员（客户）、特检院（所）人员、监理及社会有关单位人员等相关人员进行专业沟通。

4. 能制订符合安全性、经济性等需求的电梯项目与安全管理工作方案及工作进度计划安排表。

5. 能根据电梯项目与安全管理工作方案及工作进度计划安排表准备工具、材料及设备，领导项目小组人员开展项目实施。

6. 能在电梯项目与安全管理实施过程中，进行电梯业务巡查，组织电梯项目进度会，依据工作进度计划安排表及工作规范要求，协调电梯业务单位相关人员、特检院（所）人员、监理及社会有关单位人员，以及工具、材料、设备等，控制业务的进度和工作质量。

7. 能综合分析业务实施过程中出现的难点、重点问题，提出创新性的改进意见，并进行工作总结。

8. 能依据"6S"管理规定、电梯维修作业人员安全操作规定和电梯维修及安装手册，个人或小组完成业务现场的整理、设备和工具的维护与保养、工作日志的填写等工作。

9. 能在工作中独立分析与解决复杂性、关键性和创新性问题，具备统筹协调、总结反思、持续改进、团结协作等能力，以及劳动精神等思政素养。

学习内容

本课程的主要学习内容包括：

一、电梯项目与安全管理工作任务的接受

实践知识：电梯现场工作环境的认识，对电梯项目管理（包括维保、大修、安装、安全管理）工作任务单的阅读与理解，与客户的沟通，对电梯项目管理工作任务的了解。

理论知识：项目管理的定义、分类、组成和要求，电梯维保、电梯设备大修、电梯安装及现场安全管理的定义、工作目标、工作内容、工作组织、工作评价的基本知识。

二、电梯项目与安全管理的工作准备

实践知识：与客户的沟通，对电梯项目管理工作任务的分析，销售目标、安全责任的落实，工具、材料、设备、人员的组织与安排，项目工作计划的优化。

理论知识：电梯维保项目、电梯安装、电梯设备大修项目的具体工作内容，包括工作方案、工作进度的知识，项目销售管理的知识。安全项目管理中现场消防安全、临时用电管理、施工机具管理、文明施工和环境保护的措施。

三、电梯项目与安全管理的实施

实践知识：与电梯使用单位的专业沟通；工具、材料、设备的准备，项目的实施，巡查，项目进度会的组织，工具、材料、设备和人员的协调，项目工作进度和工作质量的控制。

理论知识：电梯项目与安全管理工作方案，与客户及项目施工技术人员的协调和沟通方法，销售方法，成本管理、人力资源管理方法。

四、电梯项目与安全管理的总结

依据项目管理的工作方案，对电梯项目与安全管理现场的实施情况进行工作任务的成本分析、人力资源分析、销售渠道分析，撰写工作报告并与客户及项目实施人员进行沟通和总结。

五、通用能力、职业素养、思政素养

自主学习、自我管理、信息检索、理解与表达、交往与合作、创新思维、解决问题等通用能力，安全意识、质量意识、规范意识、效率意识、成本意识、环保意识、市场意识、服务意识等职业素养，以及劳模精神、劳动精神、工匠精神等思政素养。

参考性学习任务

序号	名称	学习任务描述	参考学时
1	电梯维保项目管理	某物业公司现有 200 台 TKJ 1000/1.5-JXW 的 2：1 有机房乘客电梯，按照该小区物业与电梯维保公司合同要求，需要对该物业公司拥有的电梯进行维保工作，根据合同执行和管理工作要求，须安排 1	20

		名电梯项目与安全管理员跟进相关业务，进行该项目的总协调。	
1	电梯维保项目管理	电梯项目与安全管理员从主管经理处领取电梯维保项目任务书，与业务单位相关人员（客户）沟通，明确任务要求；在工作现场根据核对的电梯信息、业务内容和合同的要求，与客户约定业务内容要求；制订符合安全性、经济性等需求的电梯维保项目施工方案（保养、维修、年检）、维保工作进度计划安排表（半月、季度、半年、年度），并提交主管经理复核；按维保项目施工方案和维保工作进度计划安排表，准备工具、材料、设备，领导维保小组开展维保项目实施；维保项目执行过程中，进行定期维保项目巡查及电梯年检，组织维保项目进度会；依据维保项目施工方案、维保工作进度计划安排表及工作规范的要求，协调客户及工具、材料、设备等，控制维保项目的进度和工作质量。 在项目执行过程中，电梯项目与安全管理员须严格遵守电梯安全操作规程及"6S"管理规定，按照电梯业务单位要求，对电梯项目实施过程进行计划、组织、领导、协调和控制，履行合同义务，监督合同执行，处理合同变更，管理过程要符合国家、行业、企业的技术规范和技术标准等的要求。	
2	电梯设备大修现场管理	某小区有2台TKJ 800/1.0-XH的2∶1有机房乘客电梯，按照该小区物业与电梯维保公司合同要求，需要对这2台电梯进行大修。根据合同执行和管理工作要求，须安排1名电梯项目与安全管理员跟进相关业务，进行该项目的总协调。 电梯项目与安全管理员从主管经理处领取电梯设备大修项目任务书，与客户沟通，明确任务要求；在工作现场根据核对的电梯信息、业务内容和合同的要求，与客户约定业务内容要求；制订符合安全性、经济性等需求的电梯设备大修项目施工方案、电梯设备大修项目进度计划安排表并提交主管经理复核；按电梯设备大修项目施工方案和电梯设备大修项目进度计划安排表，准备工具、材料、设备，领导维保小组开展电梯设备大修项目实施；电梯设备大修项目执行过程中，进行电梯设备大修项目巡查及电梯年检，组织电梯设备大修项目进度会；依据电梯设备大修项目施工方案、电梯设备大修项目进度计划安排表及工作规范的要求，协调客户及工具、材料、设备等，控制电梯设备大修项目的进度和工作质量。 在项目执行过程中，电梯项目与安全管理员须严格遵守电梯安全操作规程及"6S"管理规定，按照电梯业务单位要求，对电梯项目实施过程进行计划、组织、领导、协调和控制，履行合同义务，监	20

2	电梯设备大修现场管理	督合同执行，处理合同变更，管理过程要符合国家、行业、企业的技术规范和技术标准等的要求。	
3	电梯安装现场管理	某小区现需要安装20台TKJ 800/1.0-XH的2∶1有机房乘客电梯，按照该小区物业与电梯安装公司合同要求和管理工作要求，须安排1名电梯项目与安全管理员跟进相关业务，进行该项目的总协调。 电梯项目与安全管理员从主管经理处领取电梯安装项目任务书，与客户沟通，明确任务要求；在工作现场根据核对的电梯信息、业务内容和合同的要求，与客户约定业务内容要求；根据设备装箱单核对装箱的工具、设备、材料；约定项目施工时间，制订符合安全性、经济性等需求的电梯安装项目施工方案、电梯安装项目进度计划安排表并提交主管经理复核；按电梯安装项目施工方案和电梯安装项目进度计划安排表，领导维保小组开展电梯安装项目实施；电梯安装项目执行过程中，进行电梯安装项目巡查、完工电梯的监督检验，组织电梯安装项目进度会，依据电梯安装项目施工方案、电梯安装项目进度计划安排表及工作规范的要求，协调客户及工具、材料、设备等，控制电梯安装项目的进度和工作质量。 在项目执行过程中，电梯项目与安全管理员须严格遵守电梯安全操作规程及"6S"管理规定，按照电梯业务单位要求，对电梯项目实施过程进行计划、组织、领导、协调和控制，履行合同义务，监督合同执行，处理合同变更，管理过程要符合国家、行业、企业的技术规范和技术标准等的要求。	20
4	安全管理	为做好某电梯安装工程现场生产安全工作，提升电梯安装工的安全意识，售后经理安排电梯项目与安全管理员对该工程现场进行安全管理。电梯项目与安全管理员按要求制订本部门安全管理目标、现场安全管理措施、现场消防安全措施、临时用电管理措施、施工机具管理措施、文明施工的保证措施、环境保护的措施，对这些措施的实施进行跟进与监督，发现问题及时整改。 电梯项目与安全管理员从主管经理处领取电梯安全管理任务书，与部门经理沟通，明确安全管理目标、安全管理内容（现场安全管理措施、现场消防安全措施、临时用电管理措施、施工机具管理措施、文明施工的保证措施、环境保护的措施等），制订电梯安全管理工作方案、电梯安全培训方案、安全巡查工作进度计划安排表并提交售后经理复核，依据电梯安全管理工作方案、电梯安全培训方案、安全巡查工作进度计划安排表，准备工具、材料、设备，领导安全管理员开展电梯安全检查实施；进行电梯安装项目巡查，组织电	20

		安全项目进度会，依据电梯安全管理工作方案、电梯安全培训方案、安全巡查工作进度计划安排表，协调工具、材料、设备和人员，控制电梯安全管理的工作进度和工作质量。	
4	安全管理	在项目执行过程中，电梯项目与安全管理员须严格遵守电梯安全操作规程及"6S"管理规定，按照电梯业务单位要求，对电梯项目实施过程进行计划、组织、领导、协调和控制，履行合同义务，监督合同执行，处理合同变更，管理过程要符合国家、行业、企业的技术规范和技术标准等的要求。	

教学实施建议

1. 师资要求

任课教师需具备电梯项目与安全管理的企业实践经验，具备电梯项目与安全管理工学一体化课程教学设计与实施、教学资源选择与应用等能力。

2. 教学组织方式与方法建议

采用行动导向的教学方法。为确保教学安全，提高教学效果，建议采用分组教学的形式（4~6人/组），在完成工作任务的过程中，教师须加强示范与指导，注重学生职业素养和规范操作的培养。

3. 教学资源配备建议

（1）教学场地

"电梯项目与安全管理"典型工作任务一体化学习工作站须具备良好的安全、照明和通风条件，可分为集中教学区、分组教学区、信息检索区、项目讨论区、工具存放区和成果展示区，并配备相应的多媒体教学设备等，面积以至少同时容纳30人开展教学活动为宜。

（2）工具、材料、设备

工具：通用工具，常用仪器仪表，温度仪、声级计、照度计，手电筒、白板笔等。

材料：白纸等。

设备：曳引驱动电梯、自动扶梯、计算机等。

（3）教学资料

以工作页为主，配置国家法律和条例、国家标准、特种设备安全技术规范、企业标准、安全操作规程、业务合同、电梯安装作业指导书、项目任务书、电梯项目与安全管理工作方案（施工方案）、工作进度计划安排表、"6S"管理规定、参考书等。

4. 教学管理制度

执行工学一体化教学场所和教学组织的管理规定，如需要进行校外认识实习和岗位实习，应遵守生产性实训基地、企业实习等管理制度。

教学考核要求

采用过程性考核和终结性考核相结合的方式。

1. 过程性考核

采用自我评价、小组评价和教师评价相结合的方式进行考核，让学生学会客观地自我评价，教师依据学生的学习过程，并参照学生的自我评价和小组评价进行知识、技能、素养等方面的总评性评价，最后提出完善性的改进建议。

（1）课堂考核：考核出勤、学习态度、课堂纪律、回答问题、小组协作与展示等。

（2）作业考核：考核工作页的完成情况、相关工作报告的撰写、课后练习等。

（3）阶段考核：理论知识测试、实操项目测试等。

2. 终结性考核

学生根据任务情境中的要求，制订电梯管理项目作业方案，并按照作业规范，在规定时间内完成项目管理（维保、大修、安全等）的工作任务。

考核任务参考案例：电梯设备大修项目管理

【情境描述】

某小区现有 1 台 TKJ 800/1.0-XH 的 2∶1 有机房乘客电梯，按照该小区物业与电梯安装公司的合同要求对其进行大修，根据合同执行和管理工作要求，须安排 1 名电梯项目与安全管理员跟进大修项目管理业务，进行该项目的总协调。要求项目管理人员按任务书和设计方案要求，在 1 小时内完成电梯设备大修工作进度计划安排表的制订。

【任务要求】

根据任务的情境描述，在规定时间内完成电梯设备大修项目管理任务。

1. 根据任务的情境描述，进行人员准备、工具准备、安全技术交底、施工人员工作分配。

2. 在规定时间内完成电梯施工前的准备、井道机房的检查，制订工作进度计划安排表及人员安排表。

3. 列出电梯施工前的准备、井道机房的检查项目和工作时间节点的确认。

【参考资料】

完成上述任务时，可以使用所有常见教学资料，如国家法律和条例、国家标准、特种设备安全技术规范、企业标准和规范、安全操作规程、业务合同、电梯安装作业指导书、项目任务书、电梯项目与安全管理工作方案（施工方案）、工作进度计划安排表、工作页、"6S"管理规定、参考书等资料，个人笔记和网络资源等。

（十二）电梯工程技术人员工作指导与技术培训课程标准

工学一体化课程名称	电梯工程技术人员工作指导与技术培训	基准学时	80
典型工作任务描述			

电梯工程技术人员工作指导是指电梯安装、维修作业现场中，对电梯安装与维修作业人员、电梯保养技术员、电梯维修技术员、电梯调试技术员、电梯设备大修技术员、电梯修理支持技术员、班组长（工长）等人员进行安全规范、工作流程、操作规范、技术难题等方面的指导；电梯工程技术人员技术培训是指对从事电梯安装与维修的电梯安装与维修作业人员、电梯保养技术员、电梯维修技术员、电梯调试技术员、电梯设备大修技术员、电梯修理支持技术员、班组长等人员进行维修、安装等作业的理论知识、操作技能、职业素养、新技术、新工艺、新设备的培训。通过对电梯工程技术人员的工作指导和技术培

训，提高其职业素质、技术能力、工作规范和工作效率，减少事故的发生，实现效益最大化。工作指导与技术培训对企业和社会的影响不可低估且意义深远。

电梯安装与维修技师（预备技师）从部门经理处领取任务书，对电梯工程技术人员在维修、安装作业的工作过程进行现场巡视，在安全规范、工作流程、操作规范、技术难点等方面实施针对性的工作指导，与电梯工程技术人员沟通交流，检查工作记录，进行工作成果的质量监督，并定期填写接受指导的作业人员的审核意见。

电梯安装与维修技师（预备技师）从部门经理处领取培训任务，了解受训电梯工程技术人员的知识、技能水平，制订培训方案，编写培训讲义，制作培训课件，准备场地、设备和材料等；按照培训方案对电梯工程技术人员进行培训，通过笔试、实操测试等方式进行考核，确保培训的电梯工程技术人员理论知识与实操技能达到培训要求，培训结束进行工作总结。

工作过程中，电梯安装与维修技师（预备技师）能独立分析与解决复杂性、关键性和创新性问题，具备严谨的工作态度，严格遵守和执行工作规范、环保管理制度以及"6S"管理规定等。

工作内容分析

工作对象：	工具、材料、设备与资料：	工作要求：
1. 任务书的领取和分析； 2. 与部门经理、企业人事、接受指导与培训的电梯工程技术人员的沟通； 3. 维修、安装相关技术和培训资料的查阅，培训方案的制订； 4. 对电梯工程技术人员的工作指导和技术培训； 5. 电梯工程技术人员工作指导与技术培训工作总结的撰写。	1. 工具：通用工具，与工作指导和技术培训项目相关的仪器仪表等； 2. 材料：与工作指导和技术培训项目相关的耗材； 3. 设备：多媒体设备、桌椅、工作台、教具及电梯相关设备等； 4. 资料：国家法律和条例、国家标准、特种设备安全技术规范、企业标准、安全操作规程、工作任务书、培训方案、培训课程资料、培训相关技术手册、相关设备说明书、"6S"管理规定、参考书等。 **工作方法：** 1. 演示法； 2. 归纳法； 3. 资料查阅法； 4. 行动导向法。 **劳动组织方式：** 1. 以独立或合作方式进行电梯工程技术人员工作指导与技术培训； 2. 从部门经理处领取工作指导与技术培训任务书； 3. 与部门经理，接受指导、培训的电梯维修作业	1. 电梯安装与维修技师（预备技师）从部门经理处领取并分析任务书，根据任务书明确工作内容和要求； 2. 与部门经理、企业人事、接受指导与培训的电梯工程技术人员进行专业沟通，了解其知识、技能背景； 3. 根据技术培训任务书、企业工作规范编制培训方案； 4. 及时发现和纠正电梯维修作业人员在工作过程中的违规操作和工作流程错误，消除安全及工作隐患； 5. 根据工作规范和工作流程，采取现场讲解、示范操作等方式进行电梯工程技术人员工作指导和技术培训；

		6. 撰写电梯工程技术人员工作指导审核意见与技术培训工作总结。
	人员等进行沟通； 4. 对电梯维修作业人员进行工作指导和技术培训。	

课程目标

学习完本课程后，学生应能胜任电梯工程技术人员在电梯安装、维护与保养、电梯调试、修理、检验、现场管理等岗位的工作指导与技术培训工作，包括：

1. 能分析工作任务书，明确电梯工程技术人员工作指导与技术培训的内容和要求。

2. 能了解和分析接受指导与培训的电梯工程技术人员的专业知识、工作技能和职业素养情况。

3. 能准确查阅生产、维修相关技术手册等资料，制订技术培训工作方案，开发技术培训资料。

4. 能对电梯工程技术人员进行工作指导与技术培训，撰写工作指导审核意见及技术培训工作总结。

5. 能在工作指导和技术培训过程中保持严谨的工作态度，严格遵守和执行工作规范、环保管理制度以及"6S"管理规定。

6. 能在工作中独立分析与解决复杂性、关键性和创新性问题，具备统筹协调、总结反思、持续改进、团结协作等能力，以及劳动精神等思政素养。

学习内容

本课程的主要学习内容包括：

一、电梯工程技术人员工作指导与技术培训工作任务的接受

实践知识：电梯现场工作环境的认识，对电梯工作指导与技术培训工作任务单的阅读与理解，与部门经理、企业人事、接受指导与培训的电梯工程技术人员的沟通，对工作指导与技术培训工作任务的了解。

理论知识：工作指导与技术培训的工作目标、工作内容、工作组织、工作评价的基本知识。

二、电梯工程技术人员工作指导与技术培训的工作准备

实践知识：电梯工程技术人员技术培训工作方案的制订，电梯工程技术人员培训教案的编写，工具、材料、设备的准备与人员组织。

理论知识：企业的培训管理制度，企业的工作流程及管理制度，电梯安装与维修工作规范，电梯工程技术人员工作指导与技术培训的组织和管理知识。

三、电梯工程技术人员工作指导与技术培训的实施

实践知识：电梯安装、维修作业安全及规范操作的示范和讲解，技术培训考核试卷的编写，电梯工程技术人员工作现场的安全评估，电梯维修作业人员工作现场违规操作的判定。

理论知识：演示法、归纳法、资料查阅法、行动导向教学法的概念。

四、电梯工程技术人员工作指导与技术培训的总结

电梯工程技术人员工作指导的审核意见及技术培训工作总结的撰写。

五、通用能力、职业素养、思政素养

自主学习、自我管理、信息检索、理解与表达、交往与合作、创新思维、解决问题等通用能力，安全意识、质量意识、规范意识、效率意识、成本意识、环保意识、市场意识、服务意识等职业素养，以及劳模精神、劳动精神、工匠精神等思政素养。

参考性学习任务

序号	名称	学习任务描述	参考学时
1	电梯安装与维修作业人员工作指导	某电梯企业新承接安装与维修业务，因电梯使用单位对工作质量要求高，为做好生产质量控制，提升电梯工程技术人员的技术水平，安排电梯安装与维修技师进行工作现场的工作指导。 电梯安装与维修技师（预备技师）接受工作指导任务后，对电梯工程技术人员在维修、安装等作业的工作过程进行巡视，在安全规范、工作流程、操作规范、技术难点等方面实施针对性的工作指导，与电梯安装与维修作业人员沟通交流，检查工作记录，进行工作成果的质量监督并定期填写受指导的作业人员的审核意见。 在电梯工程技术人员工作指导过程中，须保持严谨的工作态度，严格遵守和执行工作规范、环保管理制度和"6S"管理规定。	40
2	电梯安装与维修作业人员技术培训	某电梯企业新承接安装与维修业务，因电梯使用单位对工作质量要求高，为做好生产质量控制，提升电梯工程技术人员的技术水平，安排电梯安装与维修技师对公司电梯工程技术人员进行岗位技能培训。 电梯安装与维修技师（预备技师）从部门经理处领取培训任务，了解受训作业人员的知识、技能水平，制订培训方案，编写培训讲义，制作培训课件，准备场地、设备和材料等；按照培训方案对电梯安装与维修作业人员进行培训，通过笔试、实操测试等方式进行考核，确保培训的电梯安装与维修作业人员理论知识与实操技能达到培训要求，培训结束进行工作总结。 在电梯工程技术人员技术培训过程中，须保持严谨的工作态度，严格遵守和执行工作规范、环保管理制度和"6S"管理规定。	40

教学实施建议

1. 师资要求

任课教师需具备电梯工程技术人员工作指导与技术培训的企业实践经验，具备电梯工程技术人员工作指导与技术培训工学一体化课程教学设计与实施、教学资源选择与应用等能力。

2. 教学组织方式与方法建议

采用行动导向的教学方法。为确保教学安全，提高教学质量，培养合作精神，建议采用小组合作、组内循环的教学组织方式（4~5人/组）。在完成工作任务的过程中，教师须加强示范与指导，注重学生职业素养的培养，提升学生查阅资料，编写工作方案、教案和试卷的能力以及语言、文字表达能力。

3. 教学资源配备建议

（1）教学场地

"电梯工程技术人员工作指导与技术培训"典型工作任务一体化学习工作站须具备良好的安全、照明和通风条件，可分为集中教学区、分组教学区、信息检索区、成果展示区，并配备相应的多媒体教学设备。

（2）工具、材料、设备

工具：通用工具，与工作指导和技术培训项目相关的仪器仪表等。

材料：与工作指导和技术培训项目相关的耗材。

设备：多媒体设备、桌椅、工作台、教具及电梯相关设备等。

（3）教学资料

以工作页为主，配置国家法律和条例、国家标准、特种设备安全技术规范、企业标准、安全操作规程、工作任务书、培训方案、培训课程资料、培训相关技术手册、相关设备说明书、"6S"管理规定、参考书等。

4. 教学管理制度

执行工学一体化教学场所和教学组织的管理规定，如需要进行校外认识实习和岗位实习，应遵守生产性实训基地、企业实习等管理制度。

教学考核要求

采用过程性考核和终结性考核相结合。

1. 过程性考核

采用自我评价、小组评价和教师评价相结合的方式进行考核，让学生学会客观地自我评价，教师依据学生的学习过程，并参照学生的自我评价和小组评价进行知识、技能、素养等方面的总评性评价，最后提出完善性的改进建议。

（1）课堂考核：考核出勤、学习态度、课堂纪律、回答问题、小组协作与展示等。

（2）作业考核：考核工作页的完成情况、相关工作报告的撰写、课后练习等。

（3）阶段考核：理论知识测试、实操项目测试等。

2. 终结性考核

学生根据任务情境的要求，制订电梯工程技术人员技术培训方案，并按照指导与培训作业规范，编制技术培训工作方案、教案及考核试题，在规定时间（如20分钟）内进行培训说课。

考核任务参考案例：岗位技能培训方案编制与实施

【情境描述】

某企业为做好生产质量控制，提升新招收的10名电梯工程技术人员的技术水平，安排电梯安装与维修技师制订岗位技能培训方案，对10名电梯工程技术人员进行岗位技能（如电梯门系统检修、电梯安全上下轿顶、电梯安全进出底坑等）培训，要求两周内完成。

【任务要求】

根据任务的情境描述，在规定时间内完成岗位技能培训方案编制与实施任务。

1. 根据任务的情境描述，领取技术培训工作任务书，查阅相关资料，了解技术培训要求，完成岗位技能培训工作方案、教案、考核试题的编制。

2. 进行培训说课，介绍岗位技能培训工作方案与实施过程。

【参考资料】

完成上述任务时，可以使用所有常见教学资料，如国家法律和条例、国家标准、特种设备安全技术规范、企业标准和规范、安全操作规程、工作任务书、培训方案、培训课程资料、培训相关技术手册、相关设备说明书、工作页、"6S"管理规定、参考书等资料，个人笔记和网络资源等。

六、实施建议

（一）师资队伍

1. 师资队伍结构。应配备一支与培养规模、培养层级和课程设置相适应的业务精湛、素质优良、专兼结合的工学一体化教师队伍。中、高级技能层级的师生比不低于1∶20，兼职教师人数不得超过教师总数的三分之一，具有企业实践经验的教师应占教师总数的20%以上；预备技师（技师）层级的学制教育师生比不低于1∶18，兼职教师人数不得超过教师总数的三分之一，具有企业实践经验的教师应占教师总数的25%以上。

2. 师资资质要求。教师应符合国家规定的学历要求并具备相应的教师资格。承担中、高级技能层级工学一体化课程教学任务的教师应具备高级及以上职业技能等级；承担预备技师（技师）层级工学一体化课程教学任务的教师应具备技师及以上职业技能等级。

3. 师资素质要求。教师思想政治素质和职业素养应符合《中华人民共和国教师法》和教师职业行为准则等的要求。

4. 师资能力要求。承担工学一体化课程教学任务的教师应具有独立完成工学一体化课程相应学习任务的工作实践能力。三级工学一体化教师应具备工学一体化课程教学实施、工学一体化课程考核实施、教学场所使用管理等能力；二级工学一体化教师应具备工学一体化学习任务分析与策划、工学一体化学习任务考核设计、工学一体化学习任务教学资源开发、工学一体化示范课设计与实施等能力；一级工学一体化教师应具备工学一体化课程标准转化与设计、工学一体化课程考核方案设计、工学一体化教师教学工作指导等能力。一级、二级、三级工学一体化教师比以1∶3∶6为宜。

（二）场地设备

教学场地应满足培养要求中规定的典型工作任务实施和相应工学一体化课程教学的环境及设备、设施的要求，同时应保证教学场地具备良好的安全、照明和通风条件。其中校内教学场地和设备、设施应能支持资料查阅、教师授课、小组研讨、任务实施、成果展示等活动的开展；企业实训基地应具备工作任务实践与技术培训等功能。

其中，校内教学场地和设备、设施应按照不同层级技能人才培养要求中规定的典型工作任务实施要求和工学一体化课程教学需要进行配置。具体包括如下要求：

1. 实施"电梯照明线路安装"工学一体化课程的电梯照明线路安装学习工作站，应配备电工实训工作台等设备，储物柜、资料柜、讲台等设施，常用电工工具、常用钳工工具、常用仪器仪表、照明电器、常用电工材料等工具和材料，以及计算机、投影仪、音箱等多媒体教学设备。

2. 实施"电梯例行保养""电梯检验"工学一体化课程的电梯例行保养与检验学习工作站，应配备曳引驱动电梯（或模拟教学电梯）、电梯部件（如曳引机、缓冲器、导轨、对重、层门、轿门门机、限速器、安全钳、钳工台、台钻）等设备，常用电工工具、常用钳工工具、常用仪器仪表、常用维保材料等工具和材料，以及计算机、投影仪、音箱等多媒体教学设备。

3. 实施"电梯部件安装"工学一体化课程的电梯部件安装学习工作站，应配备电工实训工作台等设备，储物柜、资料柜、讲台等设施，常用低压电器元件（断路器、接触器、时间继电器、热继电器、熔断器、主令开关、指示灯、行程开关等）、部件［交／直流电动机、电梯控制柜、电梯电源箱（盘）、五方通话装置、网孔板］，常用电工工具、常用钳工工具、常用仪器仪表、常用电工材料等工具和材料，以及计算机、投影仪、音箱等多媒体教学设备。

4. 实施"电梯一般故障检修"工学一体化课程的电梯一般故障检修学习工作站，应配备曳引驱动电梯（或模拟教学电梯）、电梯控制柜等设备，储物柜、资料柜、讲台等设施，常用电工工具、常用钳工工具、短接线、常用仪器仪表、低压电器元件、各类导线等工具和材料，以及计算机、投影仪、音箱等多媒体教学设备。

5. 实施"自动扶梯一般故障维修"工学一体化课程的自动扶梯一般故障维修学习工作站，应配备自动扶梯等设备，储物柜、资料柜、讲台等设施，常用电工工具、常用钳工工具、常用仪器仪表、低压电器元件、常用电工材料、维保材料等工具和材料，以及计算机、投影仪、音箱等多媒体教学设备。

6. 实施"电梯专项保养""电梯设备大修"工学一体化课程的电梯专项保养和电梯设备大修学习工作站，应配备电梯门系统、曳引机、钢丝绳机等设备，储物柜、资料柜、讲台等设施，常用钳工工具、电梯专用工具、维保材料、常用仪器仪表等工具和材料，以及计算机、打印机、投影仪、音箱等多媒体教学设备。

7. 实施"电梯整机安装与调试"工学一体化课程的电梯整机安装与调试学习工作站，应配备电梯整机及安装井道、电梯部件（如机房设备、井道设备、轿厢设备、层站设备、悬挂设备等）等设备，配备储物柜、资料柜、讲台等设施，常用电工工具、常用钳工工具、常用仪器仪表、电梯专用工具、安装材料等工具和材料，以及计算机、打印机、投影仪、音箱等多媒体教学设备。

8. 实施"电梯改造与装调"工学一体化课程的电梯改造与装调学习工作站，应配备曳引驱动电梯（或模拟教学电梯）、打标机等设备，储物柜、资料柜、讲台等设施，常用电工工具、常用钳工工具、常用仪器仪表、电梯专用工具、安装材料等工具和材料，以及计算机、打印机、投影仪、音箱等多媒体教学设备。

9. 实施"电梯项目与安全管理""电梯工程技术人员工作指导与技术培训"工学一体化课程的电梯项目与安全管理、电梯工程技术人员工作指导与技术培训学习工作站，应配备模拟电梯等设备，储物柜、资料柜、讲台等设施，常用电工工具、常用钳工工具、常用仪器仪表、电梯专用工具、安装材料、白板、示教板等工具和材料，以及计算机、打印机、投影仪、音箱等多媒体教学设备。

上述学习工作站建议每个工位以 2～4 人学习与工作的标准进行配置。

（三）教学资源

教学资源应按照培养要求中规定的典型工作任务实施要求和工学一体化课程教学需要进行配置。具体包括如下要求：

1. 实施"电梯照明线路安装""电梯部件安装""电梯整机安装与调试""电梯改造与装调""电梯检验""电梯例行保养""电梯专项保养""电梯一般故障检修""自动扶梯一般故障检修""电梯设备大修"工学一体化课程宜配置电梯照明线路安装、电梯部件安装、电梯整机安装与调试、电梯改造与装调、电梯检验、电梯例行保养、电梯专项保养、电梯一般故障检修、自动扶梯一般故障检修、电梯设备大修等教材及相应的工作页、信息页、教学课件、操作规程、典型案例、技术规范、技术标准和数字化资源等。

2. 实施"电梯项目与安全管理""电梯工程技术人员工作指导与技术培训"工学一体化课程宜配置项目管理、安全生产管理、教育学、心理学等教材及相应的工作页、信息页、教学课件、操作规程、典型案例、技术规范、技术标准和数字化资源等。

（四）教学管理制度

本专业应根据本专业培养模式提出的培养机制实施要求和不同层级运行机制需要，建立有效的教学管理制度，包括学生学籍管理、专业与课程管理、师资队伍管理、教学运行管理、教学安全管理、岗位实习管理、学生成绩管理等文件。其中，中级技能层级的教学运行管理宜采用"学校为主、企业为辅"校企合作运行机制；高级技能层级的教学运行管理宜采用"校企双元、人才共育"校企合作运行机制；预备技师（技师）层级的教学运行管理宜采用"企业为主、学校为辅"校企合作运行机制。

七、考核与评价

（一）综合职业能力评价

本专业可根据不同层级技能人才培养目标及要求，科学设计综合职业能力评价方案并对学生开展综合职业能力评价。评价时应遵循技能评价的情境原则，让学生完成源于真实工作的案例性任务，通过对其工作行为、工作过程和工作成果的观察分析，评价学生的工作能力和工作态度。

评价题目应来源于本职业（岗位或岗位群）的典型工作任务，通过对从业人员实际工作内容、过程、方法和结果的提炼概括形成的具有普遍性、稳定性和持续性的工作项目。题目可包括仿真模拟、客观题、真实性测试等多种类型，并可借鉴职业能力测评项目以及世界技能大赛项目的设计和评估方式。

（二）职业技能评价

本专业的职业技能评价应按照现行职业资格评价或职业技能等级认定的相关规定执行。中级技能层级宜取得电梯安装维修工中级（四级）职业技能等级证书；高级技能层级宜取得电梯安装维修工高级（三级）职业技能等级证书；预备技师（技师）层级宜取得电梯安装维修工技师（二级）职业技能等级证书。

（三）毕业生就业质量分析

本专业应对毕业后就业一段时间（毕业半年、毕业一年等）的毕业生开展就业质量调查，宜从毕业生规模、性别、培养层次、持证比例等多维度分析毕业生的总体就业率、专业对口就业率、稳定就业率、就业行业岗位分布、就业地区分布、薪酬待遇水平以及用人单位满意度等。通过开展毕业生就业质量分析，持续提升本专业建设水平。

电梯工程技术专业
国家技能人才培养
工学一体化课程设置方案

人力资源社会保障部

中国劳动社会保障出版社

人力资源社会保障部办公厅关于印发 31 个专业国家技能人才培养工学一体化 课程标准和课程设置方案的通知

人社厅函〔2023〕152 号

各省、自治区、直辖市及新疆生产建设兵团人力资源社会保障厅（局）：

为贯彻落实《技工教育"十四五"规划》（人社部发〔2021〕86 号）和《推进技工院校工学一体化技能人才培养模式实施方案》（人社部函〔2022〕20 号），我部组织制定了 31 个专业国家技能人才培养工学一体化课程标准和课程设置方案（31 个专业目录见附件），现予以印发。请根据国家技能人才培养工学一体化课程标准和课程设置方案，指导技工院校规范设置课程并组织实施教学，推动人才培养模式变革，进一步提升技能人才培养质量。

附件：31 个专业目录

人力资源社会保障部办公厅

2023 年 11 月 13 日

31 个专业目录

（按专业代码排序）

1. 机床切削加工（车工）专业
2. 数控加工（数控车工）专业
3. 数控机床装配与维修专业
4. 机械设备装配与自动控制专业
5. 模具制造专业
6. 焊接加工专业
7. 机电设备安装与维修专业
8. 机电一体化技术专业
9. 电气自动化设备安装与维修专业
10. 楼宇自动控制设备安装与维护专业
11. 工业机器人应用与维护专业
12. 电子技术应用专业
13. 电梯工程技术专业
14. 计算机网络应用专业
15. 计算机应用与维修专业
16. 汽车维修专业
17. 汽车钣金与涂装专业
18. 工程机械运用与维修专业
19. 现代物流专业
20. 城市轨道交通运输与管理专业
21. 新能源汽车检测与维修专业
22. 无人机应用技术专业
23. 烹饪（中式烹调）专业
24. 电子商务专业
25. 化工工艺专业
26. 建筑施工专业
27. 服装设计与制作专业
28. 食品加工与检验专业
29. 工业设计专业
30. 平面设计专业
31. 环境保护与检测专业

电梯工程技术专业国家技能人才培养工学一体化课程设置方案

一、适用范围

本方案适用于技工院校工学一体化技能人才培养模式各技能人才培养层级，包括初中起点三年中级技能、高中起点三年高级技能、初中起点五年高级技能等培养层级。

二、基本要求

（一）课程类别

本专业开设课程由公共基础课程、专业基础课程、工学一体化课程、选修课程构成。其中，公共基础课程依据人力资源社会保障部颁布的《技工院校公共基础课程方案（2022年）》开设，工学一体化课程依据人力资源社会保障部颁布的《电梯工程技术专业国家技能人才培养工学一体化课程标准》开设。

（二）学时要求

每学期教学时间一般为20周，每周学时一般为30学时。

各技工院校可根据所在地区行业企业发展特点和校企合作实际情况，对专业课程（专业基础课程和工学一体化课程）设置进行适当调整，调整量应不超过30%。

三、课程设置

课程类别	课程名称
公共基础课程	思想政治
	语文
	历史
	数学
	英语
	数字技术应用
	体育与健康
	美育
	劳动教育
	通用职业素质
	物理
	其他
专业基础课程	工程制图
	电工基础
	电子技术基础
工学一体化课程	电梯照明线路安装
	电梯例行保养
	电梯部件安装
	电梯一般故障检修
	自动扶梯一般故障检修
	电梯专项保养
	电梯设备大修
	电梯整机安装与调试
	电梯检验
	电梯改造与装调
	电梯项目与安全管理
	电梯工程技术人员工作指导与技术培训

课程类别	课程名称
选修课程	钳工基础
	给排水设备安装与维修
	工程测试技术基础
	计算机机械分析技术

四、教学安排建议

（一）中级技能层级课程表（初中起点三年）

课程类别	课程名称	参考学时	学期					
			第1学期	第2学期	第3学期	第4学期	第5学期	第6学期
公共基础课程	思想政治	144	√	√	√	√		
	语文	198	√	√	√			
	历史	72	√	√				
	数学	90	√	√				
	英语	90			√	√		
	数字技术应用	72	√	√				
	体育与健康	180	√	√	√	√	√	
	美育	18						
	劳动教育	48	√	√	√	√		
	通用职业素质	90		√	√	√		
	物理	36			√			
	其他	18	√		√	√		
专业基础课程	工程制图	80	√					
	电工基础	160		√	√			
	电子技术基础	80				√		

课程类别	课程名称	参考学时	学期					
			第1学期	第2学期	第3学期	第4学期	第5学期	第6学期
工学一体化课程	电梯照明线路安装	160			√			
	电梯例行保养	160			√			
	电梯部件安装	320				√	√	
	电梯一般故障检修	160				√		
	自动扶梯一般故障检修	160					√	
	电梯专项保养	160					√	
选修课程	钳工基础	80	√	√				
	给排水设备安装与维修	40					√	
机动		384						
岗位实习								√
总学时		3 000						

注："√"表示相应课程建议开设的学期，后同。

（二）高级技能层级课程表（高中起点三年）

课程类别	课程名称	参考学时	学期					
			第1学期	第2学期	第3学期	第4学期	第5学期	第6学期
公共基础课程	思想政治	144	√	√	√	√		
	语文	72	√	√				
	数学	54	√	√				
	英语	90		√	√	√		
	数字技术应用	72	√	√				
	体育与健康	90	√	√	√	√	√	
	美育	18	√					
	劳动教育	48	√	√	√	√		
	通用职业素质	90	√				√	
	其他	18	√	√	√			

课程类别	课程名称	参考学时	学期					
			第1学期	第2学期	第3学期	第4学期	第5学期	第6学期
专业基础课程	工程制图	80	√					
	电工基础	120	√	√				
	电子技术基础	80			√			
工学一体化课程	电梯照明线路安装	160		√				
	电梯例行保养	160		√				
	电梯部件安装	320			√	√		
	电梯一般故障检修	160			√			
	自动扶梯一般故障检修	160				√		
	电梯专项保养	160				√		
	电梯设备大修	320				√	√	
	电梯整机安装与调试	160					√	
	电梯检验	160					√	
选修课程	钳工基础	80	√	√				
	给排水设备安装与维修	40					√	
机动		144						
岗位实习								√
总学时		3 000						

（三）高级技能层级课程表（初中起点五年）

课程类别	课程名称	参考学时	学期									
			第1学期	第2学期	第3学期	第4学期	第5学期	第6学期	第7学期	第8学期	第9学期	第10学期
公共基础课程	思想政治	288	√	√	√	√			√	√	√	
	语文	252	√	√					√	√		
	历史	72	√	√								
	数学	144	√	√					√	√		

课程类别	课程名称	参考学时	学期									
			第1学期	第2学期	第3学期	第4学期	第5学期	第6学期	第7学期	第8学期	第9学期	第10学期
公共基础课程	英语	162			√	√			√			
	数字技术应用	72	√	√								
	体育与健康	288	√	√	√	√	√		√	√	√	
	美育	54	√									
	劳动教育	72	√	√	√	√	√					
	通用职业素质	90		√	√	√						
	物理	36			√							
	其他	36	√	√	√				√	√	√	
专业基础课程	工程制图	160	√						√			
	电工基础	160		√	√							
	电子技术基础	160				√	√					
工学一体化课程	电梯照明线路安装	160			√							
	电梯例行保养	160			√							
	电梯部件安装	320				√	√					
	电梯一般故障检修	160				√						
	自动扶梯一般故障检修	160					√					
	电梯专项保养	320					√		√			
	电梯设备大修	320								√	√	
	电梯整机安装与调试	320								√	√	
	电梯检验	240								√	√	
选修课程	钳工基础	80	√									
	给排水设备安装与维修	40		√								
	机动	474										
	岗位实习							√				√
	总学时	4 800										

（四）预备技师（技师）层级课程表（高中起点四年）

课程类别	课程名称	参考学时	学期							
			第1学期	第2学期	第3学期	第4学期	第5学期	第6学期	第7学期	第8学期
公共基础课程	思想政治	144	√	√	√	√				
	语文	72	√	√						
	数学	54	√	√						
	英语	90		√	√	√				
	数字技术应用	72	√	√						
	体育与健康	126	√	√	√	√	√	√	√	
	美育	18	√							
	劳动教育	48	√	√	√	√		√		
	通用职业素质	90		√	√	√		√		
	其他	18	√	√	√					
专业基础课程	工程制图	80	√							
	电工基础	120		√						
	电子技术基础	80			√					
工学一体化课程	电梯照明线路安装	160		√						
	电梯例行保养	160		√						
	电梯部件安装	320			√	√				
	电梯一般故障检修	160			√					
	自动扶梯一般故障检修	160				√				
	电梯专项保养	160				√				
	电梯设备大修	320				√	√			
	电梯整机安装与调试	160					√			
	电梯检验	160					√			
	电梯改造与装调	240							√	√
	电梯项目与安全管理	80						√		
	电梯工程技术人员工作指导与技术培训	80							√	

课程类别	课程名称	参考学时	学期							
			第1学期	第2学期	第3学期	第4学期	第5学期	第6学期	第7学期	第8学期
选修课程	钳工基础	80	✓	✓						
	给排水设备安装与维修	40					✓			
	工程测试技术基础	120						✓		
	计算机机械分析技术	120							✓	
机动		668								
岗位实习										✓
总学时		4 200								

（五）预备技师（技师）层级课程表（初中起点六年）

课程类别	课程名称	参考学时	学期											
			第1学期	第2学期	第3学期	第4学期	第5学期	第6学期	第7学期	第8学期	第9学期	第10学期	第11学期	第12学期
公共基础课程	思想政治	360	✓	✓	✓	✓			✓	✓	✓	✓	✓	
	语文	252	✓	✓					✓	✓				
	历史	72	✓	✓										
	数学	144	✓	✓										
	英语	162			✓	✓			✓					
	数字技术应用	72	✓	✓										
	体育与健康	324	✓	✓	✓	✓			✓	✓			✓	
	美育	54	✓						✓					
	劳动教育	96	✓	✓		✓								
	通用职业素质	90	✓	✓		✓								
	物理	36			✓									
	其他	42									✓	✓	✓	
专业基础课程	工程制图	160	✓	✓										
	电工基础	160		✓	✓									
	电子技术基础	160				✓	✓							

课程类别	课程名称	参考学时	第1学期	第2学期	第3学期	第4学期	第5学期	第6学期	第7学期	第8学期	第9学期	第10学期	第11学期	第12学期
工学一体化课程	电梯照明线路安装	160			√									
	电梯例行保养	160			√									
	电梯部件安装	320				√	√							
	电梯一般故障检修	160				√								
	自动扶梯一般故障检修	160					√							
	电梯专项保养	320					√		√					
	电梯整机安装与调试	320							√	√				
	电梯设备大修	320								√	√			
	电梯检验	240								√	√			
	电梯改造与装调	240										√	√	
	电梯项目与安全管理	80										√		
	电梯工程技术人员工作指导与技术培训	80											√	
选修课程	钳工基础	80	√											
	给排水设备安装与维修	40							√					
	工程测试技术基础	120										√		
	计算机机械分析技术	120											√	

课程类别	课程名称	参考学时	学期											
			第 1 学期	第 2 学期	第 3 学期	第 4 学期	第 5 学期	第 6 学期	第 7 学期	第 8 学期	第 9 学期	第 10 学期	第 11 学期	第 12 学期
	机动	896												
	岗位实习							√						√
	总学时	6 000